职业教育校企深度融合模式系列教材

移动端 UI 设计与制作案例教程

张芳芳　严　芳　周国红　主　编
刘雨晴　肖贺瑾　于洪军　梁亚丽　副主编
胡志齐　主　审

電子工業出版社
Publishing House of Electronics Industry
北京 • BEIJING

内容简介

本书讲解了如何使用 Photoshop 软件进行移动端 UI 界面设计，以帮助 UI 设计爱好者特别是移动端 UI 界面设计人员提高界面设计与应用能力。本书共分为 3 篇：基础篇、图标设计篇和综合实践篇。其中，基础篇讲解了移动端 UI 设计的概念、岗位能力与要求，以及移动端 UI 设计中的色彩表现，帮助读者了解行业，打好设计基础；图标设计篇通过 10 个任务分别讲解了极简风格、扁平风格和微质感图标等的设计思路和表现手法，帮助读者学习图标设计的要点与规范；综合实践篇通过移动端主题图标设计、搜狗输入法皮肤设计和移动端界面设计项目，帮助读者夯实设计基础，拓展设计思路。本书由设计行业领头企业——创优翼一线设计人员与职业院校设计课程专业教师共同编写而成，选取了行业一手素材，紧跟设计潮流，帮助读者快速入门、轻松上手。

本书适合移动端 UI 设计初中级读者、UI 界面设计工作者、爱好者，以及大中专职业院校计算机相关专业的学生使用。

图书在版编目（CIP）数据

移动端 UI 设计与制作案例教程 / 张芳芳，严芳，周国红主编. —北京：电子工业出版社，2018.11

ISBN 978-7-121-34955-3

Ⅰ. ①移… Ⅱ. ①张… ②严… ③周… Ⅲ. ①移动电话机—人机界面—程序设计 Ⅳ. ①TN929.53

中国版本图书馆 CIP 数据核字（2018）第 199054 号

策划编辑：关雅莉
责任编辑：裴 杰
印 刷：北京缤索印刷有限公司
装 订：北京缤索印刷有限公司
出版发行：电子工业出版社
北京市海淀区万寿路 173 信箱 邮编 100036
开 本：787×1 092 1/16 印张：12.5 字数：320 千字
版 次：2018 年 11 月第 1 版
印 次：2018 年 11 月第 1 次印刷
定 价：45.00 元

凡所购买电子工业出版社图书有缺损问题，请向购买书店调换。若书店售缺，请与本社发行部联系，联系及邮购电话：（010）88254888，88258888。

质量投诉请发邮件至 zlts@phei.com.cn，盗版侵权举报请发邮件至 dbqq@phei.com.cn。

本书咨询联系方式：（010）88254617，luomn@phei.com.cn。

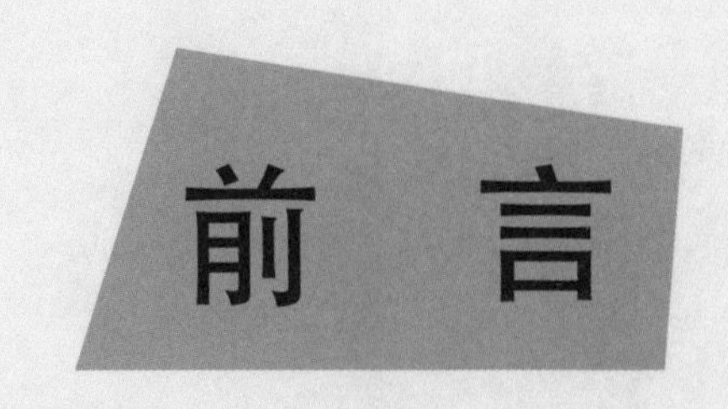

前 言

本书编者为职业院校 UI 设计课程任课教师，编者苦于市面上并没有成体系的移动端UI设计教学指导工具书，特与设计行业领头企业—创优翼公司培训讲师，共同收集整理了当前移动端UI设计行业最前端的案例和项目，为广大初中级读者量身打造了这本全面学习移动端UI设计的经典教程。本书共分为3篇：基础篇、图标设计篇和综合实践篇，分别从行业认识、图标风格表现和实践应用3个部分详细全面地介绍了移动端UI设计的要点和规范。在每篇中，除了精心设计的经典案例，编者还为每个项目设计了配套的拓展任务，方便读者举一反三，融会贯通。本书建议分72课时进行教学或学习，具体安排如下。

课时安排		
篇	内容	课时
第1篇	基础篇	4
第2篇	图标设计篇	32
第3篇	综合实践篇	36

本书提供了内容丰富的资料包，包括所有使用到的素材文件、最终效果图、PSD源文件、习题答案，方便读者进行对比学习；还提供了教学指南和PPT课件，方便教师做课程准备，更好地进行课堂教学。请有此需要的读者登录华信教育资源网（www.hxedu.com.cn）下载使用。

本书由张芳芳、严芳、周国红担任主编，参与编写的人员还有刘雨晴、肖贺瑾、于洪军、梁亚丽，本书由胡志齐担任主审。

由于编者知识水平有限，加之时间仓促，书中难免有疏漏之处，恳请广大读者批评指正。

编　者

目录

第1篇 基础篇

第2篇 图标设计篇

第3篇　综合实践篇

第 1 篇 基　础　篇

本篇将对 UI 设计定义、UI 设计师能力模型及 UI 设计特点进行详细阐述，使学习者对于 UI 设计、移动端互联网产品及企业的工作流程了解得更加透彻，希望能够为即将开始职业生涯的学习者们提供帮助。

项目 1
认识移动端 UI 设计

任务 1　移动端 UI 设计的定义

随着智能家居、智能数码电子产品及智能手机的普及，带有液晶显示屏的产品越来越多，越来越多的产品需要进行用户界面（User Interface，UI）设计。UI 设计的好坏直接影响着一款产品的成败，要成为一款有竞争力的产品，界面的使用体验和视觉美观度至关重要，精美的界面设计、良好的用户体验能使产品焕发生命力、增进用户的使用黏度与口碑传播，将大幅提升产品的下载量和用户的使用频次。

移动端 UI 设计即对用户使用的移动端终端界面的视觉设计及交互设计。移动端 UI 设计的应用终端包含手机、Pad、智能电视、智能家居、车载设备等。本书中着重讲解手机端 UI 设计。图 1-1-1～图 1-1-3 所示为常见移动端中的 UI 设计。

图 1-1-1　手机移动端 UI 设计

图1-1-2　Pad移动端UI设计

图1-1-3　智能电视UI设计

任务2　移动端UI设计的特点

移动端UI设计与传统电脑端UI设计相比，有以下几个特点。

（1）移动端UI以手势操作，需保证最小触碰范围在40像素以上。

大家知道，常用的电脑鼠标的准确度是相当高的，哪怕是再小的按钮，对于鼠标来说，点击的错误率也不会很高。而在移动端界面中，由于使用手指操作，手的操作准确度相对而言低很多，加之要照顾一些手指较大的用户，因此，对于移动端界面中按钮及触碰区域的设计，就需要一个比较大的范围，以减少错误率。这个数值不是强行要求的范围，而是手指可点击的最小范围，大多数设计师会将最小触碰范围设置为40~60像素。图1-1-4和图1-1-5所示为PC端鼠标应用场景及移动端终端设备应用场景。

图1-1-4　鼠标操作场景

图1-1-5　手机操作场景

（2）移动端UI设计中要将经常触碰的功能入口放到手指方便触碰的范围内。

移动端UI设计需要考虑的是移动端设备的使用环境，通常人们更加希望单手操作手机，因此，设计的按钮通常在屏幕下方，或位于左右手大拇指能控制到的区域。图1-1-6和图1-1-7所示为常用标签栏的位置及常用评论文本框。

（3）移动端UI设计中要考虑手指的通用习惯。

经常使用鼠标的人知道使用鼠标时会有单击、双击、右击等几种操作，而移动端用户界面中使用手指操作时，人们习惯于点击、长按和滑动，甚至多点触控。因此，在移动端

UI 设计中，经常设计出长按划出或者弹出菜单、滑动翻页或切换、双指的放大缩小、双指的旋转，等等。图 1-1-8 所示为常用 UI 交互手势。

图 1-1-6　常用标签栏的位置

图 1-1-7　常用评论文本框

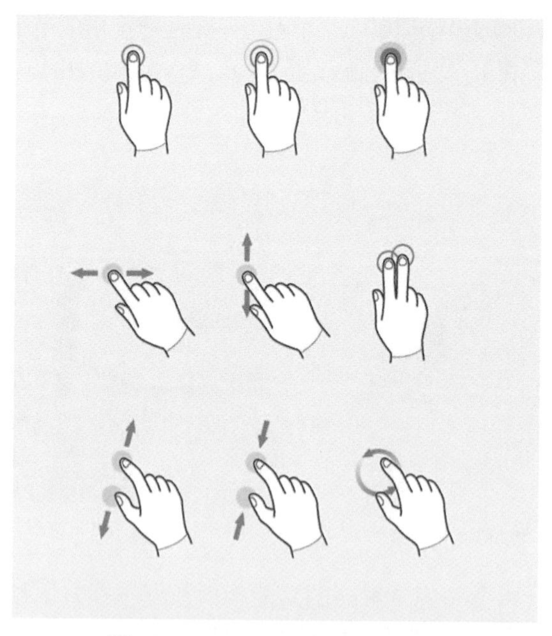

图 1-1-8　常用 UI 交互手势

（4）移动端 UI 设计中要考虑按钮的常用状态。

网页中的按钮通常有 4 个状态：默认状态、鼠标经过状态、鼠标点击状态、不可用状态。而在移动端用户界面中，按钮通常只有 3 个状态：默认状态、点击状态和不可用状态。因此，在网页设计中，按钮可以与环境及背景更加和谐地融为一体，不必担心用户找不到按钮，因为当用户找不到按钮的时候，可用鼠标在屏幕上划动，此时按钮的鼠标经过状态就可见了。而在移动端用户界面中，按钮需要更加明确、指向性更强，让用户知道什么地方有按钮，因为一旦用户点击，触发按钮的事件就会发生。图 1-1-9 和图 1-1-10 所示为标签栏 ICON 默认状态及选中状态。

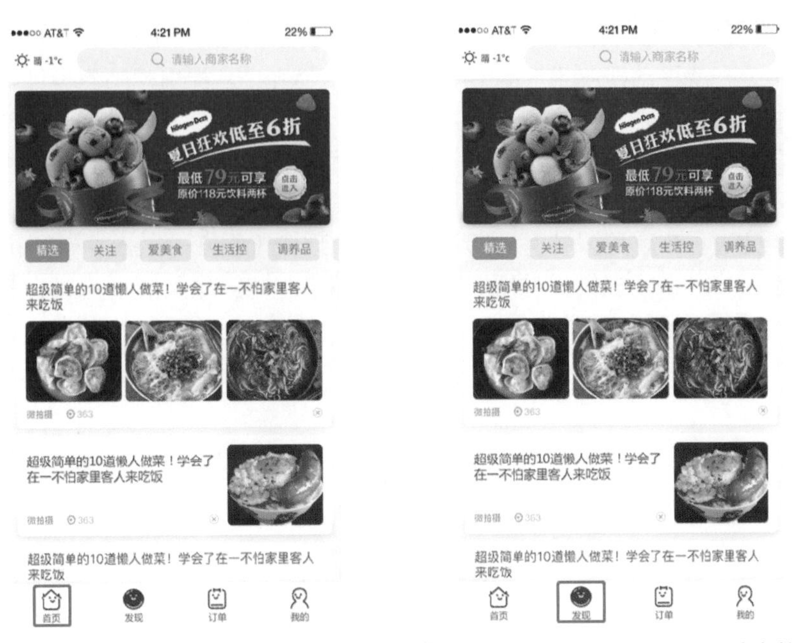

图 1-1-9　标签栏 ICON 默认　　图 1-1-10　标签栏 ICON 选中状态

除此之外，移动端用户界面主流手机的尺寸则仅仅为 3.7～4 英寸，最大的也不过 7 英寸，界面展示内容有限，因此需要有更明确的设计区域及更清晰的操作流程。同时，根据不同产品特性及页面表现形式的不同，页面的设计呈现方式多为权重高的内容在页面的一屏上方展示，权重低的内容在页面中可能会放到三屏或者四屏展示，如图 1-1-11 所示。

图 1-1-11　内容展示

任务 3　了解企业中移动端产品设计流程

1. 移动端应用产品设计流程

在企业中，一款移动端应用产品（Application，App）从提出想法到设计，再到上线迭代，需要经过一整套流程，具体如下。

（1）公司战略规划及产品提案阶段：即企业管理层或产品经理分析产品的市场情况，开展市场调查及竞品分析，明确定位用户群体并发现用户需求，提出提案。

在需求确定过程中，可以参考马斯洛需求层次理论（图 1-1-12），判断出用户需求级别，从而判断出产品市场规模。越低层级的需求越是刚需，是人类最基本的需求，满足这部分需求的产品的市场规模将越大。

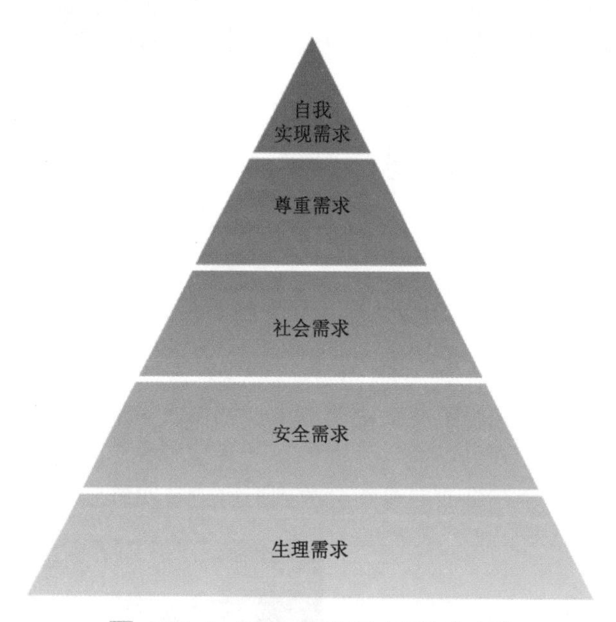

图 1-1-12　马斯洛需求层次金字塔

知识拓展：马斯洛需求层次理论是人本主义科学的理论之一，由美国心理学家亚伯拉罕·马斯洛于 1943 年在《人类激励理论》论文中提出。文中将人类需求像阶梯一样从低到高按层次分为 5 种，分别是生理需求、安全需求、社交需求、尊重需求和自我实现需求。

（2）细化需求、梳理逻辑阶段：即企业产品部门通过用户研究和市场调研来策划开发及运营方案，逐步完善项目需求，细化内容与细节，此阶段将由产品经理完成精准用户画像、业务流程、商业模型、用户操作流程、功能思维导图等，如图 1-1-13 所示。

图 1-1-13　需求梳理

（3）细化功能结构、使产品可视化阶段：即制作产品原型图、进行初步产品可视化，向设计部门及程序设计部门提出具体要求，明确项目需求和目标人群，对产品的运作、界面的布局进行说明。图 1-1-14 所示为产品原型图及交互流程。

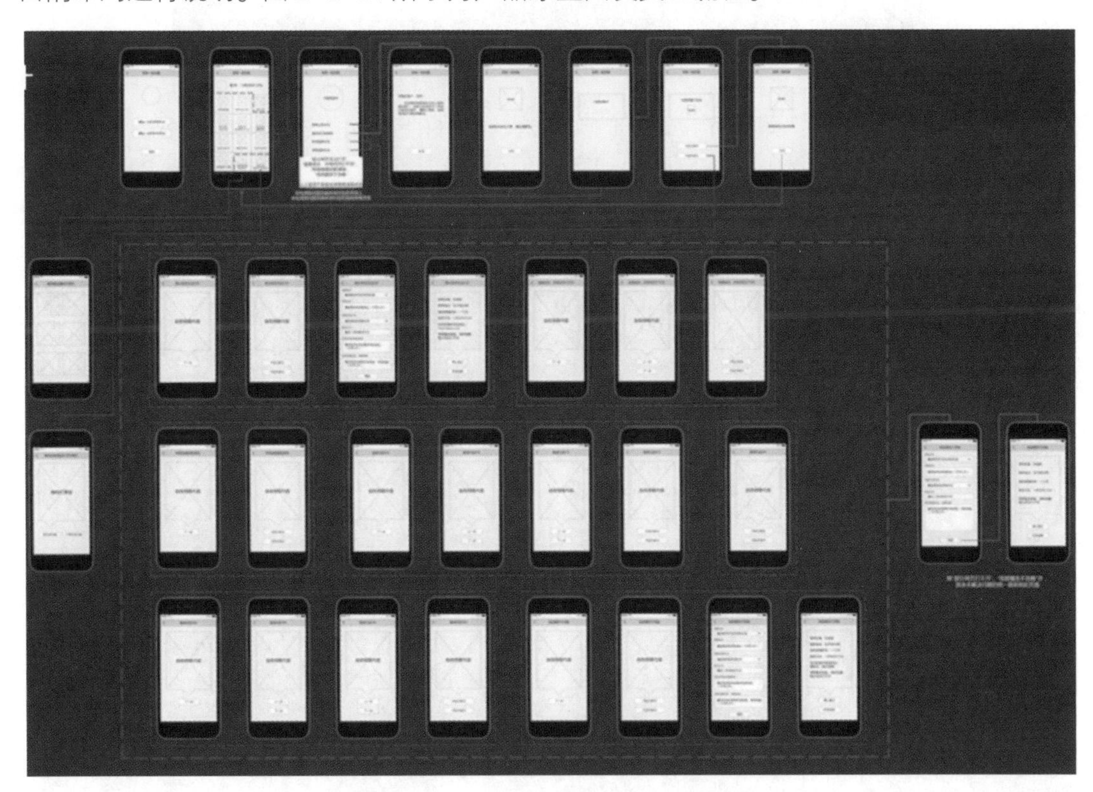

图 1-1-14　产品原型图及交互流程

（4）视觉美化及表现阶段：即设计部门使用产品原型图进行视觉设计，也就是移动端 UI 设计，商业设计求要考虑到企业文化、产品特点、用户审美、交互体验等多种因素。此时，应先确定主题风格，再进行所有页面的设计工作。图 1-1-15 所示为手机应用 UI 设计。

图 1-1-15　手机应用 UI 设计

（5）程序开发阶段：即程序设计部门为实现 App 的所有功能进行程序开发。程序开发人员会根据产品提供的需求进行程序的编写，并根据设计师提供的设计稿进行完善和补充，再进行严格测试。图 1-1-16 所示为程序开发阶段的开发代码。

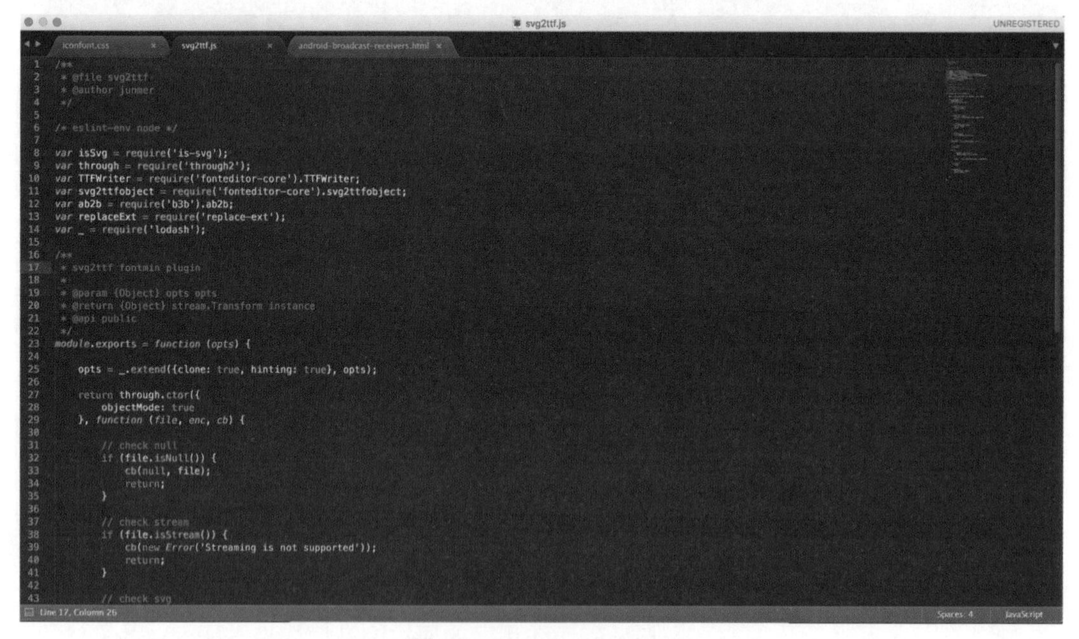

图 1-1-16　开发代码

（6）上线测试阶段：即在程序开发制作完成后，要在模拟的真实环境中上线，进行产品测试，修改漏洞并确认无误后，正式发布上线，投入使用。图 1-1-17 所示为多终端测试概念图。

图 1-1-17　多终端测试概念图

UI 设计师需要拥有艺术家的眼光，却不可以像艺术家一样只倾诉自己的内心世界，其考虑的更多的是使用者的感受，一个有效的商业 UI 设计包含了视觉元素、功能元素及实用元素，注重的是商业目标的实现。

2. 移动端 UI 设计原则

移动端互联网时代的悄然来袭改变了人们的生活方式，想要完成优秀的移动端 UI 设计，需要遵循一定的设计原则。

1）确定产品定位，符合产品特性

好的 UI 设计，一定是设计师详细分析了产品定位、明确了目标群体的喜好和习惯之后制作的。

例如，针对母婴类产品要如何设计，使用什么颜色，使用何种表现手法，其使用用户究竟是谁？当明确判断出产品用户画像后，即可设计出符合用户审美的优秀的 UI 设计。

如图 1-1-18 所示，某定位目标为大学生创业群体，使用了极简风格设计引导页，清晰明了地表达了产品的优势和功能。

2）遵循移动端 UI 交互原则

UI 的设计交互以自然手势为基础构建，首先要考虑的是手指触摸范围,热点区域最小控制范围不低于 40 像素；其次要考虑的是可触摸空间之间的距离，根据实际情况调整按钮之间的距离，要符合人体工程学规律。

3）简化操作界面，提高应用的流畅性

简化操作界面，使触碰更方便，缩短操作路径，减少产品层级和深度，使操作效率更高。界面的转换要自然，设计上要保持一致，不要有大的跳跃，保证用户的注意力在页面中自然切换，如图 1-1-19 所示。

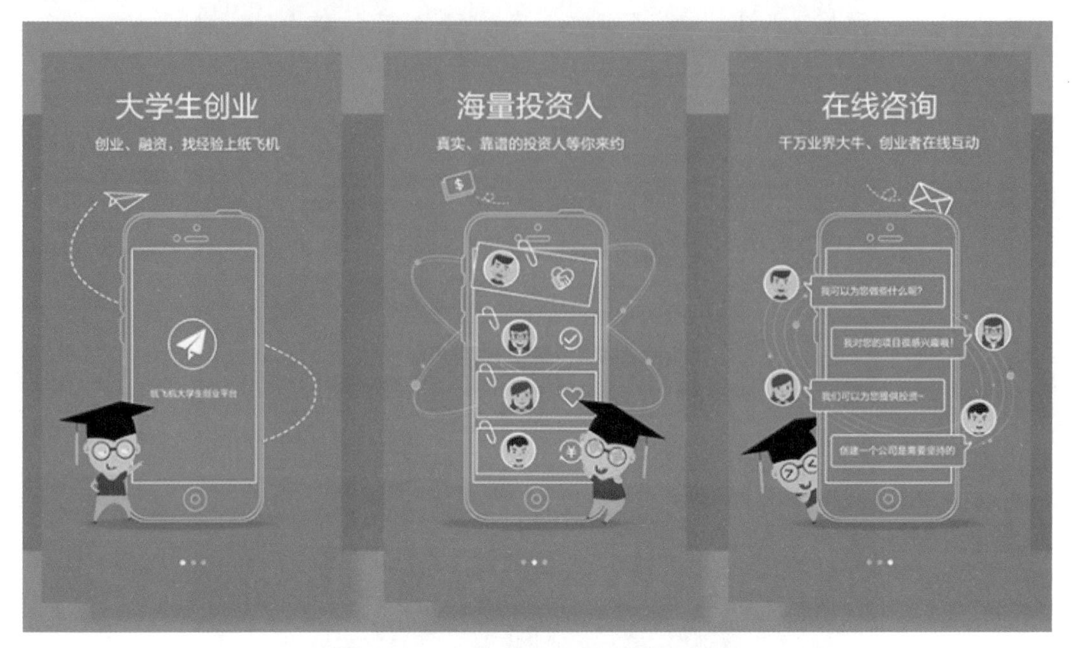

图 1-1-18　大学生创业平台引导页

图 1-1-19　简洁的操作界面

4）减少用户思考时间，界面傻瓜化

界面简单、主次分明、导航清晰、操作直接，能让用户清楚地知道其操作方式并快速学会使用，只有这样的设计才能提高使用体验，才是成功的商业设计。

5）在用户操作中断或被干扰时，进行提示及引导设计

确保在各种应用情景下，产生中断或干扰后，保存用户的操作，衔接用户的记忆，使用户恢复之前的操作，不必从头开始，减少反复劳动，如图 1-1-20 和图 1-1-21 所示。

6）保持界面设计的实用性，并给予有温度的设计

衡量一个商业移动端产品设计，除了能满足用户需求的实用性之外，能让用户感到惊喜或者让用户感觉到温暖的设计才是最成功的设计。

图 1-1-20　产生中断时的提示

图 1-1-21　界面提示信息

任务 4 移动端产品团队相关职位及 UI 设计岗位能力要求

1. 移动端产品团队相关职位

作为一名 UI 设计师，我们需要了解即将加入的技术团队中会需要和哪些人合作，如何进行配合。根据产品开发过程中的需要，互联网公司产品研发部门职位设置如下。

（1）产品经理：每个产品的牵头人，对产品的需求收集、策划、设计、开发、运营负责，并为产品的运作协调所有人。产品经理全权负责产品的最终完成，其任务包括倾听用户需求，负责产品功能定义、规划和设计；做各种复杂决策，保证开发队伍顺利开展工作及跟踪程序错误、搜集用户的新需求及竞争产品的资料，并进行需求分析、竞品分析以及研究产品的发展趋势等。

（2）UI 设计师：指从事对互联网、移动端互联网、软件等产品的人机交互、操作逻辑、界面美观的整体设计工作的人员。好的 UI 设计不仅要让产品变得有个性、有品位，还要让软件的操作变得舒适、简单、自由，充分体现软件的定位和特点。

（3）前端工程师：Web 前端开发工程师的简称。Web 前端开发是一个先易后难的过程，主要包括 3 个要素：HTML、CSS 和 JavaScript。这就要求前端开发工程师不仅要掌握基本的 Web 前端开发技术、网站性能优化、SEO 和服务器端的基础知识，还要学会运用各种工具进行辅助开发及掌握理论层面的知识，包括代码的可维护性、组件的易用性、分层语义模板和浏览器分级支持等。

（4）程序开发工程师：互联网、移动端互联网、软件等产品的程序开发人员。网站流行开发语言为 PHP、JSP、ASP 等，PHP 方向现在仍然是大势所趋，企业需求量很大。程序开发工程师需要具有较强的逻辑思维能力及运算能力。

2. 移动端 UI 设计能力要求

（1）沟通能力和理解能力：如果说 UI 是人与机器交互的桥梁和纽带，那么 UI 设计师就是产品设计开发人员和最终用户之间交互的桥梁和纽带，如果 UI 设计师不能具备很好的沟通和理解能力，将无法很好地理解和完成产品所赋予的本质内涵。

（2）具有审美感，能感知流行度，具备一定的技术能力：UI 设计师可以比喻为化妆师，要掌握最新的设计潮流，并具有审美感，但这一切都是为人服务的。因此，UI 设计师可以不精通 HTML、JavaScript 语言，但绝对不可以不清楚它们是什么，能够实现什么。

（3）掌握图形图像设计能力及工具应用：UI 设计师一生中从事的最多的工作就是图形设计，如何使用图形图像准确表达产品意图是 UI 设计的核心。

（4）人因学理论和认知心理学：这个概念虽然有些大，但却是每一名 UI 设计师在事业稳固后毕生都要努力去探索的领域。可以说，设计的根本就是“人”，做人类使用的界面，自然需要了解人，了解人的行为。例如，不可能设计这样一个界面：在同一时间同一个界面的不同位置显示两条重要的提示信息——因为人在同一时间的关注点只能有一个，这是生理决定的，而不是某个人的主观臆断。

简言之，UI 设计师要做的事情就是理解产品定位，了解产品目标用户喜好，结合最新设计潮流，设计出符合产品定位、美观、交互性好并可实现的界面。

拓展任务　移动端 UI 设计赏析

赏析如图 1-1-22 所示的移动端 UI 设计。

图 1-1-22　移动端 UI 设计赏析

项目 2

移动端 UI 设计中的色彩表现

移动端 UI 追求极简设计风格，主色调可以只选定一种色彩，再调整透明度或者饱和度，从而产生新的色彩，这样能够很好地表达界面层次，并展现良好的视觉效果，使得页面色彩统一，有层次感。当前上线的一些移动端应用都采用了极少的色彩，甚至放弃使用过多的颜色，仅仅用一个主色调就能展现良好的视觉效果，如图 1-2-1 所示。

Metro UI 是一种界面展示技术，其和苹果公司的 iOS、谷歌公司的 Android 界面最大的区别在于后两者都是以应用为主要呈现对象的，而 Metro UI 强调的是信息本身，而不是冗余的界面元素。Metro UI 引领的多彩色风格是与唯一主色调形成对照关系的设计风格，多彩撞色更多地表现于多种纯色块的使用，即很简单的纯颜色，只需要注意多彩配色的方式，就能得到很好的视觉效果。多彩色拼接的设计风格，一屏式的页面排版布局，总体来说是时尚大气简洁的设计。“多彩撞色”的概念在移动端仍会继续发展，如图 1-2-2 所示。

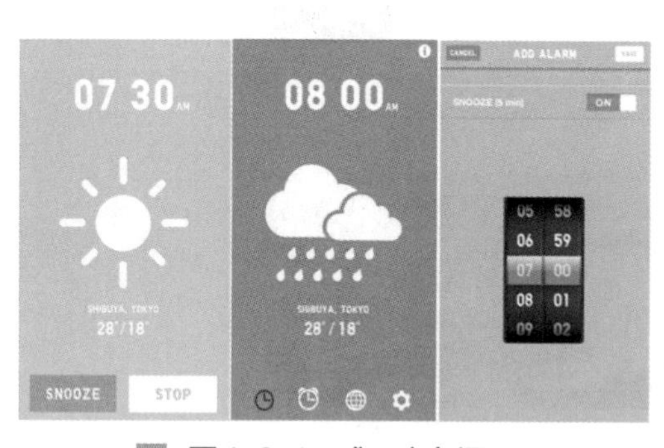

图 1-2-1　唯一主色调

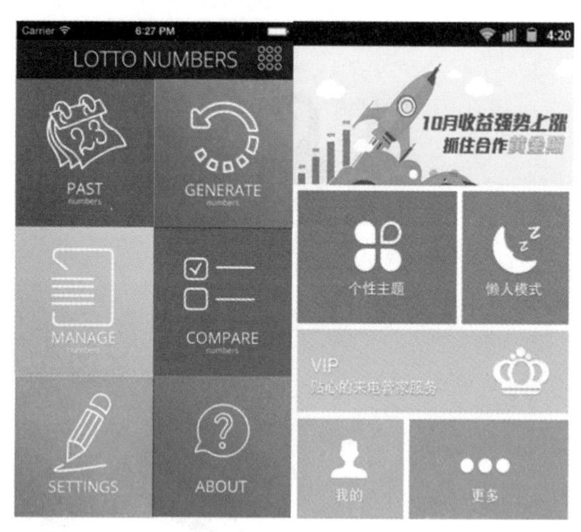

图 1-2-2　多彩撞色

移动端 UI 渐变色再次悄然崛起，已经融入各个行业，弥补了纯色扁平化中的缺少个性特征、过度弱化视觉效果的一些弊端与不足，常用到的方法有双色渐变、三色渐变、轻量渐变等，如图 1-2-3 所示。

移动端的色彩设计趋势也一样，其实每一次变化都是当前时代潮流驱动的人们对美的重新定义和认知，也是符合当前感性体验的不断升级。

色彩是光刺激眼睛再传导到大脑中枢而产生的一种感觉、一种艺术表现的要素。在移动端 UI 设计中，根据色彩和谐、均衡和重点突出的原则，将不同的色彩进行配比组合、搭配以构成美丽的页面。

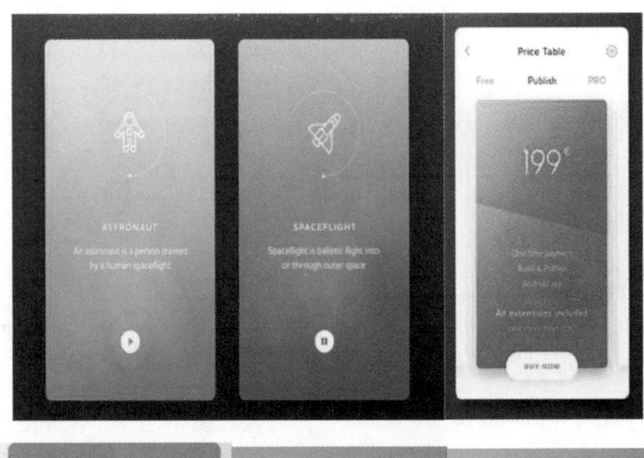

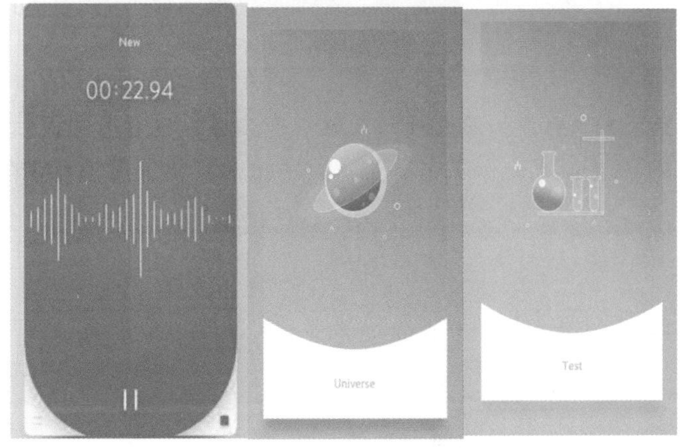

图1-2-3　渐变色

任务1　色彩构成

1. 颜料的三原色

C（青绿，Cyan）、M（品红，Magenta）、Y（黄，Yellow）颜料三原色的混合，如图1-2-4所示，亦称为减色混合，是光线的减少，两色混合后，光度低于两色原来各自的光度，合色愈多，被吸收的光线愈多，就愈接近于K（黑色，black）。（CMYK是材料颜色，属于吸收模式。）调配次数越多，纯度越差，其单纯性和鲜明性会失去越多。原理上，青绿、品红、黄混合在一起就变成了黑色。品红与绿、黄与紫、青与橙，各组颜色的混合都接近黑色，但实际上它们只是变成了不鲜明的浓色而已。因此，印刷上所用的C、M、Y、K四色是在青绿、品红和黄色以外又加上了黑色。

2. 色光的三原色

R（红，Red）、G（绿，Green）、B（蓝，Blue）分别组合可以合成颜料三原色、色光三原色的混合，亦称为加色混合，两种色光混合后，光度高于两色原来各自的光度，合色愈多，被增强的光线愈多，就愈接近于白色。色光三原色是指红、绿、蓝，如图 1-2-5 所示。电视机上的基色就是红、绿、蓝，各种其他色光都是由此调出的，如生活中的 LED 显示屏、手机屏幕等的颜色。

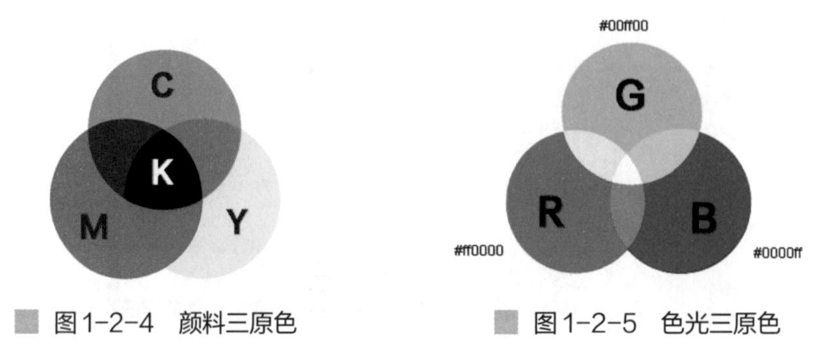

图 1-2-4　颜料三原色

图 1-2-5　色光三原色

在实际工作中，如果设计的是电子产品屏幕观看用的视频、图片等，就使用了 RGB 颜色模式；如果需要输出打印出来，就使用了 CMYK 模式。

任务 2　色彩属性

色相（色调）：指颜色、色彩的显著特征。
纯度（饱和度）：指颜色、色彩的鲜艳度和饱和度。
明度（亮度）：指颜色、色彩的明暗和深浅。
图 1-2-6 所示为色相、纯度、明度属性。

色相（色调）：指颜色、色彩的显著特征

纯度（饱和度）：指颜色、色彩的鲜艳度和饱和度

明度（亮度）：指颜色、色彩的明暗和深浅

图 1-2-6　色相、纯度、明度属性

纯度越高，色彩越斑斓；纯度越低，色彩越昏暗，如图 1-2-7 所示。明度指的是视觉采集信息的清晰度，也可以理解为亮度，亮度达到最高时为白色，最低时为黑色。

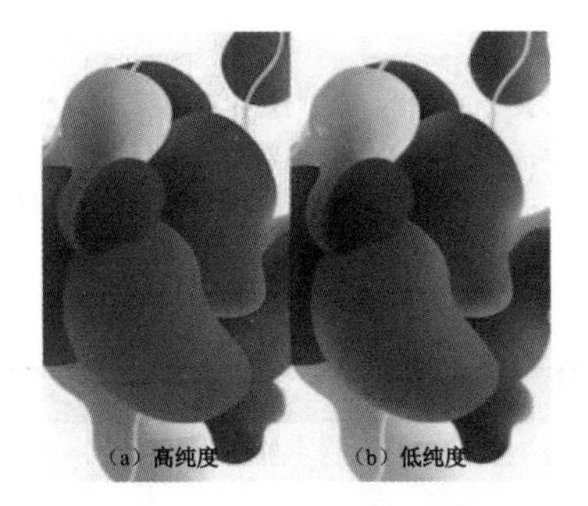

图1-2-7　高低纯度对比图

任务3　视觉感受

1. 色彩的冷暖属性

冷色与暖色是依据心理错觉对色彩的分类，波长长的红色光、橙色光、黄色光本身就有暖和感，如阳光照射到任何色都会有暖和感。相反，波长短的紫色光、蓝色光、绿色光有寒冷的感觉，在冷的饮料包装上使用冷色，视觉上会使人们觉得这些食物是冰冷的。图1-2-8所示为暖色环。

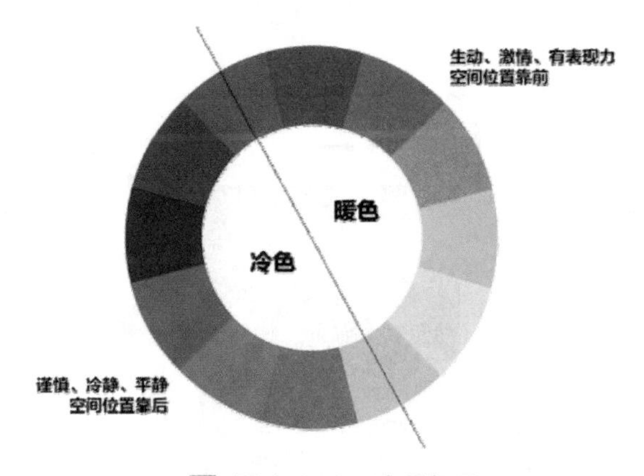

图1-2-8　冷暖色环

冷色与暖色除了给人们温度上的不同感觉以外，还会给人们带来重量感和湿度感等。暖色偏重，冷色偏轻；暖色有密度强的感觉，冷色有稀薄的感觉。两者相比，冷色的透明感更强，暖色则透明感较弱；冷色显得湿润，暖色显得干燥；冷色有很远的感觉，暖色则有迫近感。图1-2-9所示为冷暖色调的对比。

图1-2-9　冷暖色调对比

2. 色彩的情感属性

红色：一种激奋的色彩。其具有刺激效果，能使人产生冲动、热情、热烈、喜庆、吉祥、兴奋、革命、火热、性感、权威、自信、活力的感觉。在设计中，红色常用在促销类广告和喜庆类作品中，如图 1-2-10 和图 1-2-11 所示。

图 1-2-10　红色展示图一

图 1-2-11　红色展示图二

绿色：介于冷、暖色彩的中间，使人产生和睦、宁静、健康、和平、生命力、青春、希望、安全的感觉。其和金黄、淡白搭配，可以产生优雅、舒适的气氛，如图 1-2-12 所示。

图 1-2-12　绿色展示图

粉红色：一种女性化色彩，使人产生温柔、甜美、浪漫的感觉，如图 1-2-13 所示。

图 1-2-13　粉红色展示图

橙色：一种激奋的色彩，促使人们尽快行动，具有轻快、坦率、开朗、欢欣、热烈、温馨、时尚的效果，如图 1-2-14 所示。

图 1-2-14　橙色展示图

黄色：具有快乐、希望、智慧和轻快的个性，其明度最高，如图 1-2-15 所示。

图 1-2-15　黄色展示图

蓝色：蓝色和白色混合后，能体现柔顺、淡雅、浪漫的气氛（如蓝天白云），是最具凉爽、清新、幽远、深邃、宁静、理智、科技、未来感的色彩，如图 1-2-16 所示。

图 1-2-16　蓝色展示图

紫色：具有神秘、高贵、典雅气质的色彩，如图 1-2-17 所示。

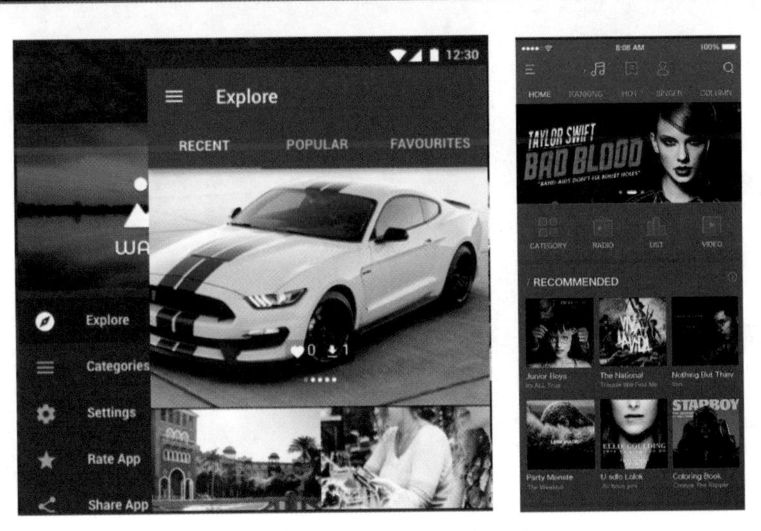

图 1-2-17　紫色展示图

3. 色彩的行业属性

色彩行业的发展趋势就是不断对传统行业进行渗透，细化、时尚化各项服务，精确各行业定位。

红色应用行业：婚庆、政府、法律等，如图 1-2-18 所示。

图 1-2-18　红色应用行业

橙色应用行业：体育运动、时尚、美食等，如图 1-2-19 所示。

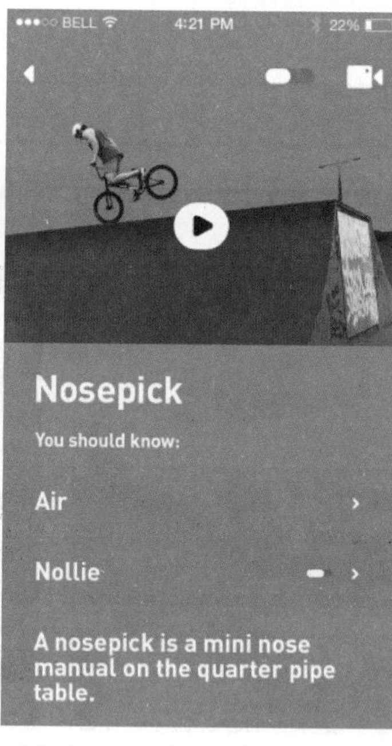

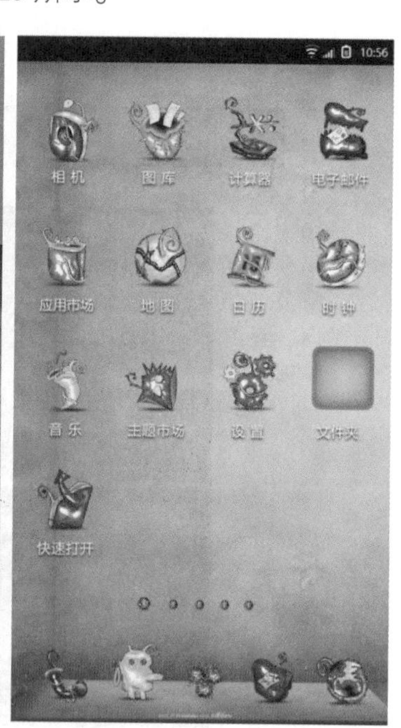

图 1-2-19　橙色应用行业

绿色应用行业：环保、植物及农作物、体育运动、教育、公益等，如图 1-2-20 所示。
蓝色应用行业：教育、科技、军工、机械制造、航海、医疗等，如图 1-2-21 所示。

图1-2-20　绿色应用行业

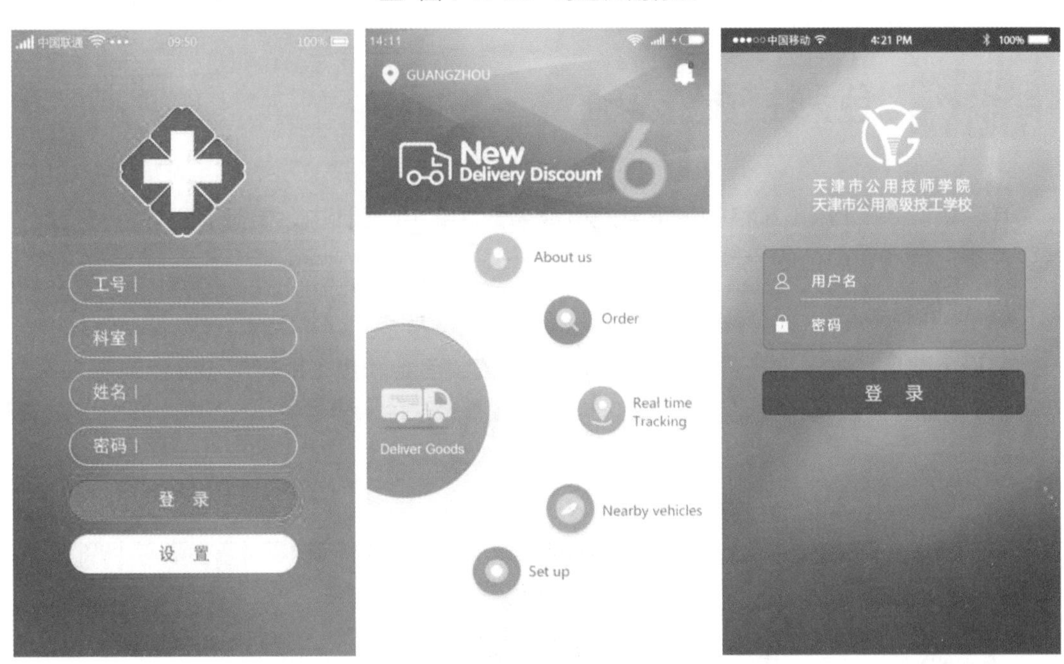

图1-2-21　蓝色应用行业

紫色应用行业：时尚、女性、奢侈品、家居、音乐等，如图 1-2-22 所示。

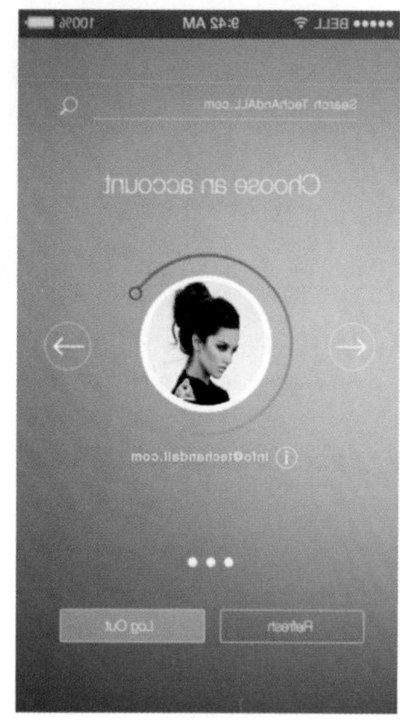

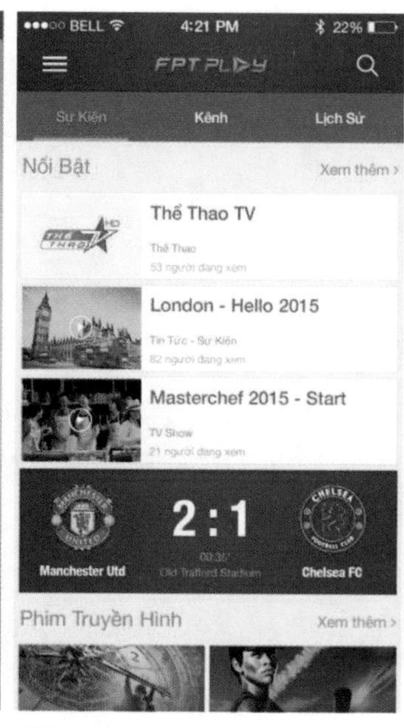

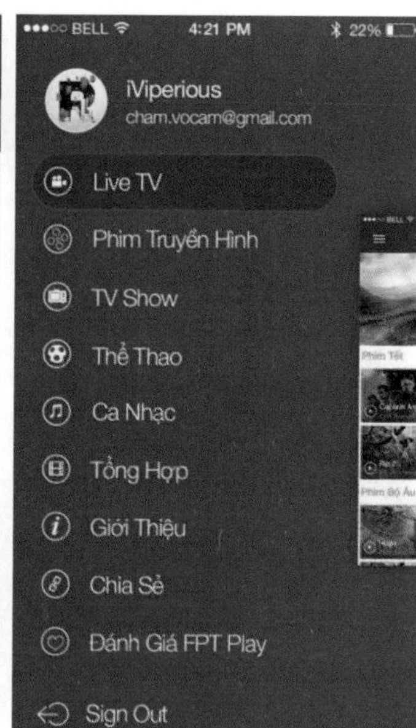

图 1-2-22　紫色应用行业

任务 4　色彩搭配技巧

色彩搭配是形成 UI 风格的最重要的组成部分。在 UI 设计中，要想运用好色彩搭配，就要注意主色和辅助色的合理运用。

1. 邻近色配色

邻近色配色：先选定一种色彩，再调整透明度或者饱和度（即将色彩变淡或者加深），产生新的色彩，并应用于设计作品中，这样的页面看起来色彩统一，有层次感，如图 1-2-23 所示。

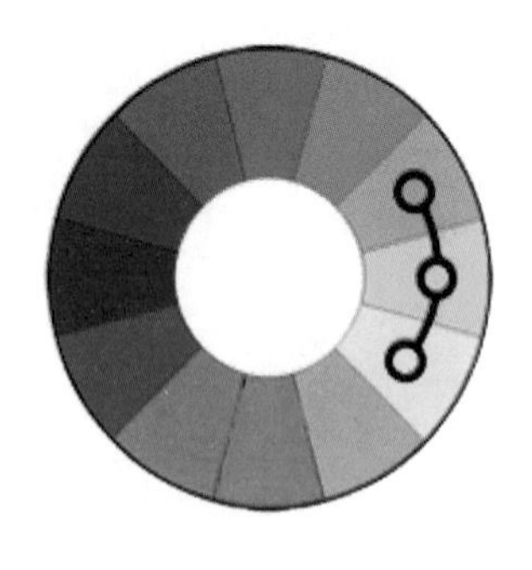

主色　　辅助色

图 1-2-23　邻近色配色

近似色搭配在日常设计中比较常见，这种颜色搭配对于眼睛是最舒适的，但在使用的时候，一定要注意色彩的对比要加强一些，否则会因画面不生动而显得平淡。

2. 互补色配色

互补色配色：先选定一种色彩，再选择它的互补色。在各种色彩搭配方法中，互补色配色是一种对比最强烈的搭配，如图 1-2-24 所示。

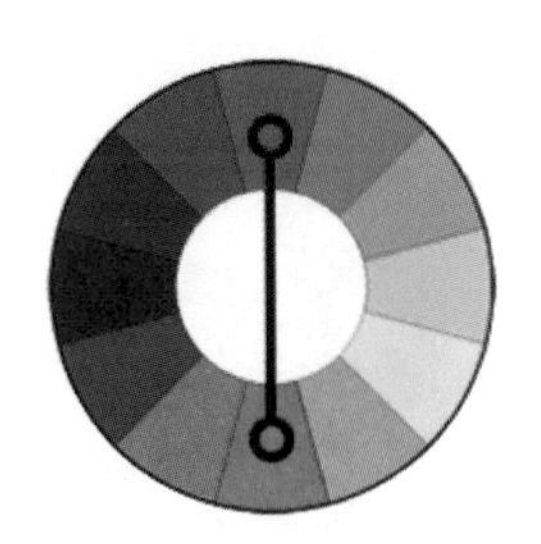

主色　辅助色

图 1-2-24　互补色配色

3. 对比色配色

对比色配色：色环上 3 种颜色构成一个三角形的搭配，称为 3 种对比色的组合。紫色、黄色、青色就属于 3 种对比色，这种配色在 UI 设计中很常用，其版面色彩舒服、生动，如图 1-2-25 所示。

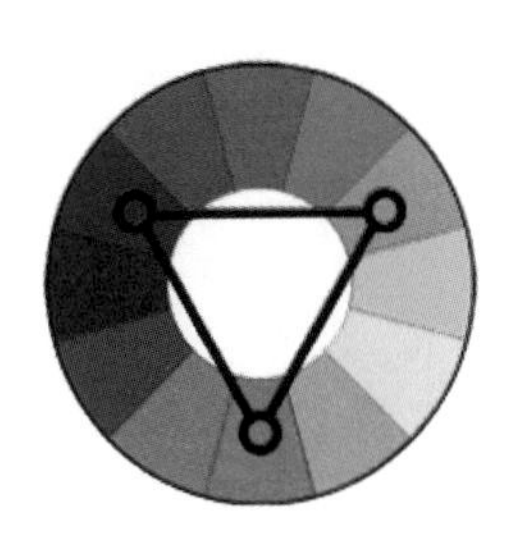

主色　辅助色　辅助色

图 1-2-25　3 种对比色配色

4. 图片取色配色

图片取色配色：从产品中取色或从网络中搜索符合企业定位或者符合情感表达的图片，依次吸取色彩应用面积最大的颜色（主色）、最跳跃的颜色（焦点色）、弱化冲突配色（过渡色），如图 2-1-26 所示。

主色　焦点色　过渡色

图 1-2-26　图片取色配色

互联网上有专门提供色彩搭配的网站，搭配好的色谱已经确定好了色彩的情感基调，可以直接借鉴使用，能够获得很多色彩搭配的灵感，对提高色彩搭配水平会有很大帮助。色彩搭配最忌讳的是将所有颜色都用到，不分主次，这样会显得很杂乱，没有视觉重点，应该尽量将色彩控制在 3 种以内。

5. 拓展任务

（1）收集素材图片（摄影、绘画、平面设计作品），按冷暖属性进行分类整理。

（2）选择冷暖主题图片各一套，提取代表性的颜色，制作冷暖色卡各一套。

第 2 篇
图标设计篇

扁平化图标设计是一种极简主义美学，图标的扁平就是摒弃过多的修饰效果，通过抽象、简化的剪影形式表现的设计风格。随着扁平化设计的流行，UI 设计越来越注重图标形式的简洁和寓意表达、风格简化、内容一致、功能的最优表达。扁平化图标造型有两种——面性与线性。运用这两种基础元素的组合变化，一般有单体造型、多个元素组合造型等。

项目 1

极简图标设计

任务 绘制天气图标

极简图标也称线性图标，是 UI 设计中必不可少的一部分，一套线性图标必须风格统一、尺寸统一才能给人更舒适的视觉美感。

案例展示：此任务要绘制的天气图标如图 2-1-1 所示。

图 2-1-1　天气图标

1. 设计要点

（1）设计思路：天气图标设计主要展现了阵雨的天气特点，即时而晴天，时而下雨，因而联想到将“太阳”和“雨”两种元素和谐统一在同一个图标中，太阳半露，云雨时现，从而较为贴切地表现“阵雨”的场景，如图 2-1-2 所示。

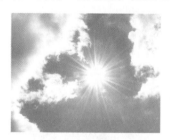

图 2-1-2　阵雨场景

（2）表现技巧：使用简洁线条，绘制出太阳、云彩、雨滴的外形以及图形之间的前后关系。

（3）技能提炼：

① 使用钢笔工具绘制云的轮廓；

② 使用路径选择工具调整路径大小；

③ 使用直接锚点选择工具调整锚点位置；

④ 使用转角工具调整路径圆角和角度。

2. 操作步骤

步骤 01：打开 Photoshop，选择【文件】→【新建】选项，新建一个 800 像素×600 像素、分辨率为 72 像素/英寸的画布，背景色填充为橘红色（#ff8617），命名为“天气图标”，具体设置如图 2-1-3 所示。

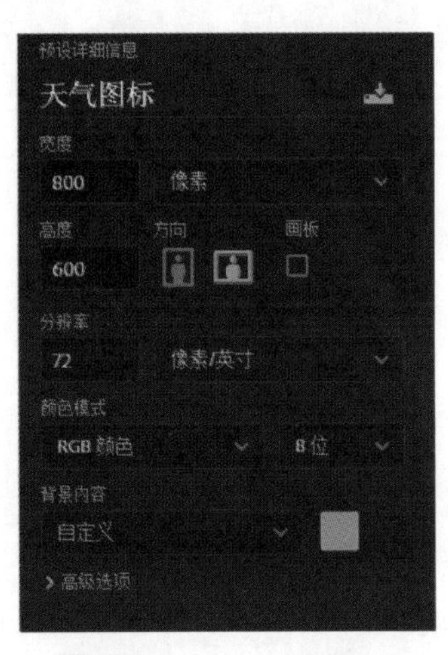

图 2-1-3　新建文件

（1）绘制软件只是工具，绘制方法有很多，熟练掌握其中一种即可，线性图标用 Adobe Illustrator 软件进行绘制更简单，这里介绍的是使用 Photoshop 软件进行绘制的方法。

（2）图标的规范在后面移动端主题设计与使用中有详细介绍，这里主要介绍图标的表现手法和绘制方法。

步骤 02：选择【椭圆工具】，在画布中创建一个圆形，尺寸为 98 像素×98 像素，无填充色，描边颜色为白色（#ffffff），宽度为 8 像素，如图 2-1-4 所示。

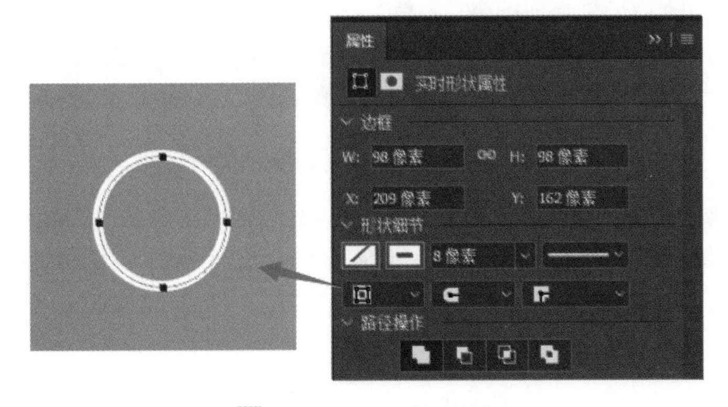

图 2-1-4　椭圆效果

步骤 03：选择【添加锚点工具】，在圆形路径上相应的位置添加两个锚点，选择【直接选择工具】，选择右边的锚点，直接按 Delete 键删除锚点，如图 2-1-5 所示。

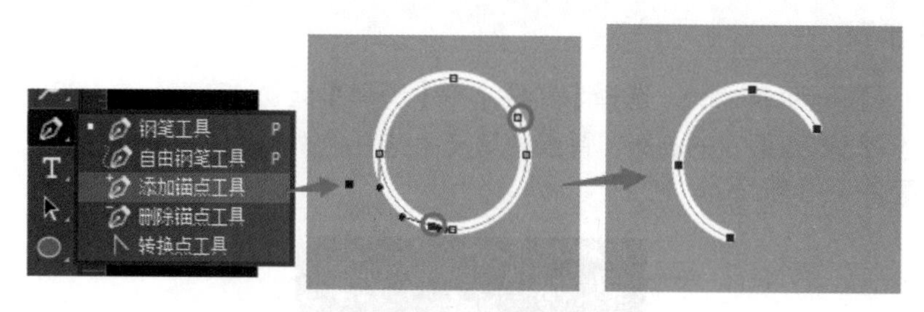

图 2-1-5 删除锚点

步骤 04：选择【圆角矩形工具】，在画布中创建一个圆角矩形，尺寸为 8 像素×40 像素，圆角半径为 4 像素，填充色为白色（#ffffff），无描边，复制圆角矩形并旋转，太阳的效果如图 2-1-6 所示。

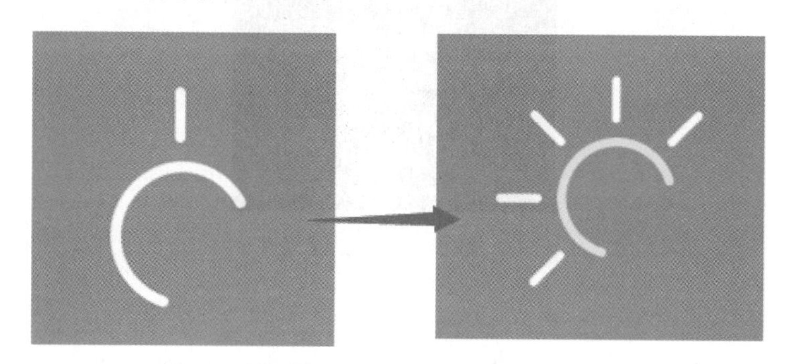

图 2-1-6 太阳的效果

步骤 05：选择【圆角矩形工具】，在画布中创建一个圆角矩形，尺寸为 206 像素×120 像素，圆角半径为 60 像素，无填充色，描边颜色为白色（#ffffff），方法同步骤 04，云朵线框的效果如图 2-1-7 所示。

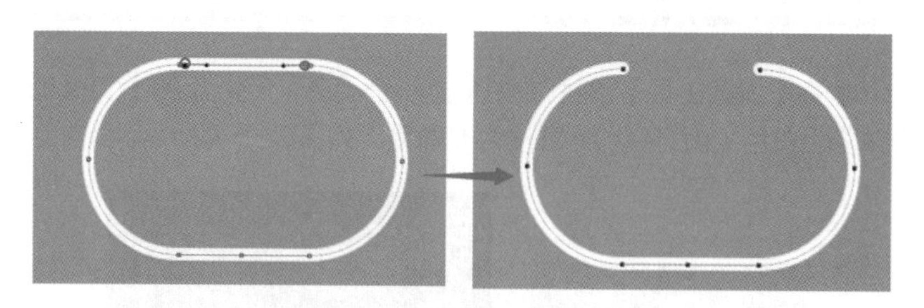

图 2-1-7 云朵线框的效果

步骤 06：选择【椭圆工具】，在画布中创建一个椭圆，尺寸为 84 像素×84 像素，无填充色，描边颜色为白色（#ffffff）。选择【直接选择工具】，选择最下面的锚点，直接按 Delete 键删除锚点，云朵的效果如图 2-1-8 所示。

图 2-1-8　云朵的效果

步骤 07：同时选择椭圆和圆角矩形两个图层，合并形状图层（组合键为 Ctrl+E），选择【路径选择工具】，在属性栏中单击【路径操作】按钮，选择【合并形状组件】选项，云朵加太阳的效果如图 2-1-9 所示。

图 2-1-9　云朵加太阳的效果

绘制图标要尽量遵循偶数原则，这样能被整除，避免出现半像素虚边，图标适配会精致一些，不会模糊，宁圆勿方，方形棱角太过尖锐，用户体验不好。

步骤 08：制作雨滴，选择【椭圆工具】，在画布中创建一个椭圆，尺寸为 18 像素×18 像素，填充色为白色（#ffffff），无描边，选择【转换点工具】，选中最上面的锚点，将其转换成角点，选择【直接选择工具】，点选角点，按键盘上的方向键向上移动角点，如图 2-1-10 所示。

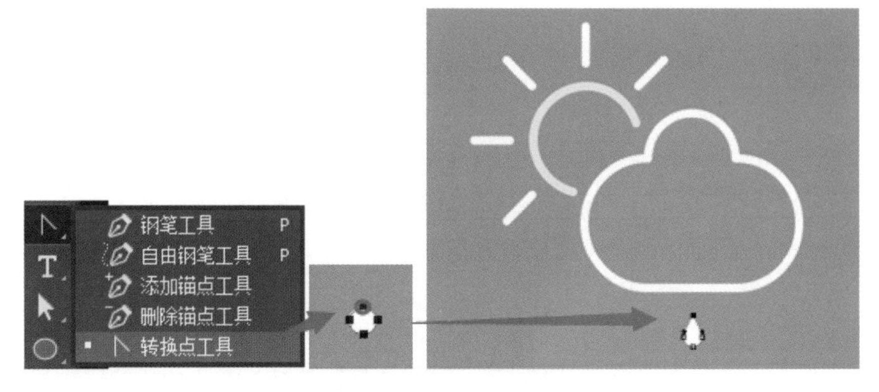

图 2-1-10　雨滴绘制

步骤 09：选择雨滴，使用自由变换工具（组合键为 Ctrl+T）旋转 30 度，复制雨滴图层，制作完成的天气图标效果图如图 2-1-11 所示。

图 2-1-11　天气图标效果图

3. 拓展任务

（1）收集极简图标，制作素材库。

（2）临摹 10 个极简图标。

（3）绘制 5 个线性天气图标。

（注：可以先在纸上绘制出大概形状、想法、构思，再用电脑精修出来。）

项目 2 扁平图标设计

所谓扁平图标设计就是使用通用的、广为人知的、寓意清晰的或者某些领域专用的元素，并进行有效的组织，通过鲜明的颜色对比，迅速抓住使用者的眼球，使图标表现得更加明确、突出。

任务 1 扁平纯色块图标设计

案例展示：

此任务要绘制的图标如图 2-2-1 所示。

图 2-2-1　纯色块相机图标

1. 设计要点

（1）设计思路：参考老式卡片式照相机的形状，经过设计简化及提炼，对取景窗、镜头、闪光灯等重要部件进行重新构思整合，如图 2-2-2 所示。

图 2-2-2 图标提炼

（2）表现技巧：简洁直观的图标功能用面性剪影形式表现出来，用纯色块区分功能组件。

（3）技能提炼：

① 使用圆角矩形工具绘制相机的大轮廓；

② 使用椭圆工具绘制相机镜头与高光；

③ 使用自由变换路径命令调节取景窗部件的形状。

2. 操作步骤

步骤 01：选择【文件】→【新建】选项，新建一个 800 像素×600 像素、分辨率为 72 像素/英寸的画布，背景色填充为白色（#ffffff），选择【圆角矩形工具】，在画布中创建一个圆角矩形，尺寸为 280 像素×180 像素，圆角半径为 30 像素，填充色为绿色（#57ac1a），无描边，如图 2-2-3 所示。

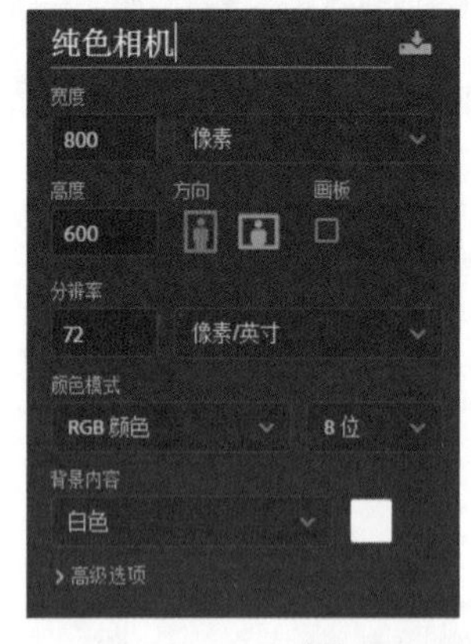

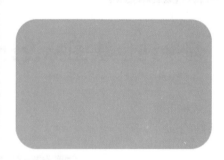

图 2-2-3 新建画布和圆角矩形

步骤 02：选择【圆角矩形工具】，在画布中创建一个圆角矩形，尺寸为 140 像素×60 像素，圆角半径为 10 像素，填充色为浅绿色（#9de06d），无描边，选择【直接选择工具】，选择圆角矩形左下角的两个锚点，按键盘上的方向键向左移动 10 像素。同理，其右边的两个锚点向右移动 10 像素，再将圆角梯形移动到圆角矩形后面，调整好其位置，如图 2-2-4 所示。

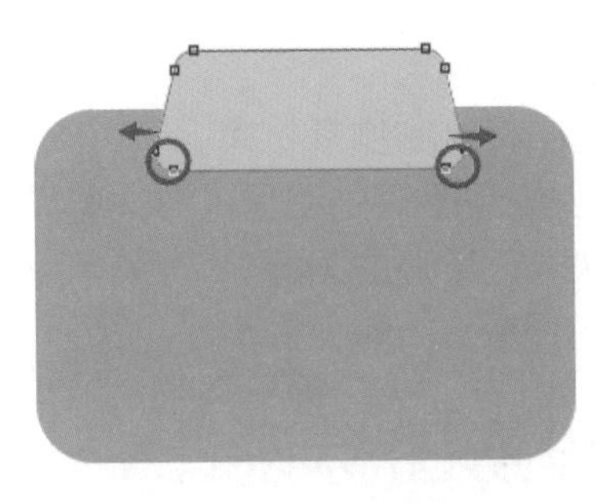

图 2-2-4　图标绘制

圆角矩形转换成圆角梯形也可以使用自由变换命令（组合键为 Ctrl+T），同时按住三键（Ctrl、Alt、Shift）向右拖动右下角的变换点，即可完成梯形变换操作。

步骤 03：选择【圆角矩形工具】，在画布中创建一个圆角矩形，尺寸为 80 像素×16 像素，圆角半径为 8 像素，填充色为绿色（#57ac1a），无描边，绘制的视窗如图 2-2-5 所示。

步骤 04：选择【椭圆工具】，在画布中创建一个椭圆，尺寸为 130 像素×130 像素，填充色为#265408，无描边，镜头外框的效果如图 2-2-6 所示。

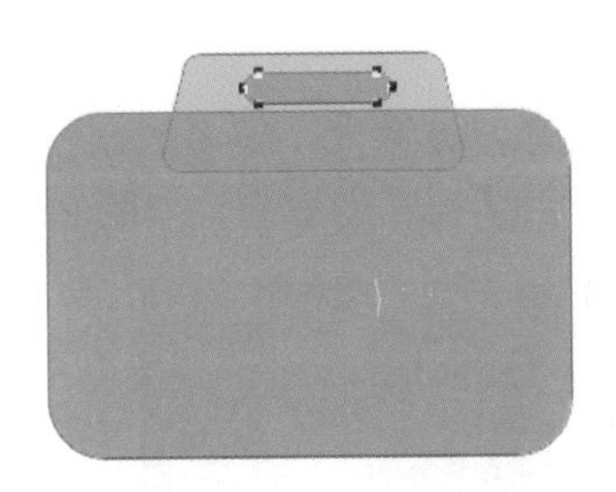

图 2-2-5　视窗绘制

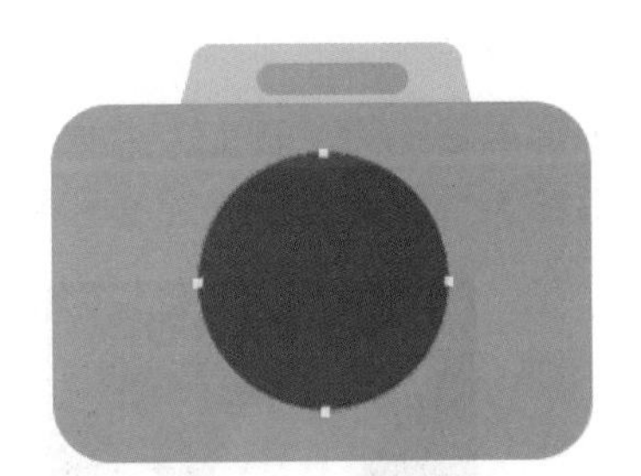

图 2-2-6　镜头外框的效果

步骤 05：选择【椭圆工具】，在画布中创建一个椭圆，尺寸为 90 像素×90 像素，填充色为#bfbfbf，无描边，继续创建椭圆，尺寸为 40 像素×40 像素，填充色为#eeeeee，无描边，再次创建椭圆，尺寸为 20 像素×20 像素，填充色为#ffffff，无描边。绘制完成的相机图标效果图如图 2-2-7 所示。

图 2-2-7　相机图标效果

3. 拓展任务

（1）收集纯色表现手法的图标，制作素材库。
（2）临摹 10 个扁平纯色块表现手法的图标（面性剪影图标）。
（3）绘制 5 个扁平纯色块表现手法的图标。

任务 2　扁平长投影图标设计

案例展示：
此任务要绘制的长投影图标如图 2-2-8 所示。

图 2-2-8　长投影图标

1. 设计要点

（1）设计思路：光源在上方照射物体时会留下投影，这激发了编者的创作灵感，以和平鸽的剪影作为主体形象，光照在和平鸽的身体上产生了长长的投影，如图 2-2-9 所示。

图 2-2-9　鸽子及阳光

（2）表现技巧：用长投影的表现技法来表现图标的漂浮感和层次感。
（3）技能提炼：
① 使用钢笔路径绘制阴影，绘制主物体形象；
② 使用多边形工具绘制底板。

2. 操作步骤

步骤 01：选择【文件】→【新建】选项，新建一个 800 像素×600 像素、分辨率为 72 像素/英寸的画布，背景色填充为白色（#ffffff），选择【圆角矩形工具】，在画布中创建一个圆角矩形，尺寸为 380 像素×380 像素，圆角半径为 30 像素，填充色为天蓝色（#0068b7），无描边，底板效果如图 2-2-10 所示。

步骤 02：选择【椭圆工具】，在画布中创建一个椭圆，尺寸为 140 像素×140 像素，填充色为白色（#ffffff），无描边，和平鸽的头部效果如图 2-2-11 所示。

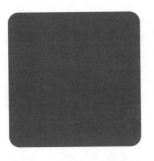

图 2-2-10　底板效果

图 2-2-11　和平鸽的头部效果

步骤 03：制作嘴部，选择【椭圆工具】，在画布中创建一个椭圆，尺寸为 26 像素×26 像素，填充色为白色（#ffffff），无描边，选择【转换点工具】，将最右边的锚点转换为角点，选择【直接选择工具】，按键盘上的方向键向右移动角点，复制图形并调整其位置，和平鸽的嘴部效果如图 2-2-12 所示。

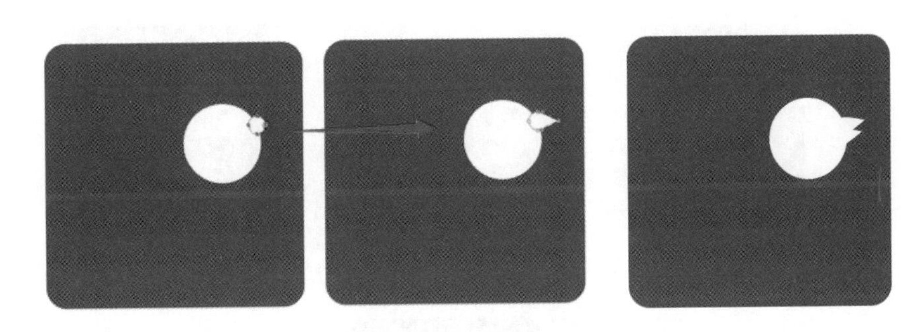

图 2-2-12　和平鸽的嘴部效果

步骤 04：选择【椭圆工具】，在画布中创建一个椭圆，尺寸为 170 像素×124 像素，填充色为白色（#ffffff），无描边，旋转-35 度，和平鸽的身体效果如图 2-2-3 所示。

图 2-2-13　和平鸽的身体效果

步骤 05：制作和平鸽尾巴上的羽毛。选择【椭圆工具】，在画布中创建一个椭圆，尺寸为 60 像素×24 像素，填充色为白色（#ffffff），无描边，选择【删除锚点工具】，删除其最左边的锚点，选择【直接选择工具】，按键盘上的方向键向右移动角点，旋转-15度，和平鸽的尾部羽毛效果图如图 2-2-14 所示，复制两片尾部羽毛并旋转其角度，和平鸽的尾部效果如图 2-2-15 所示。

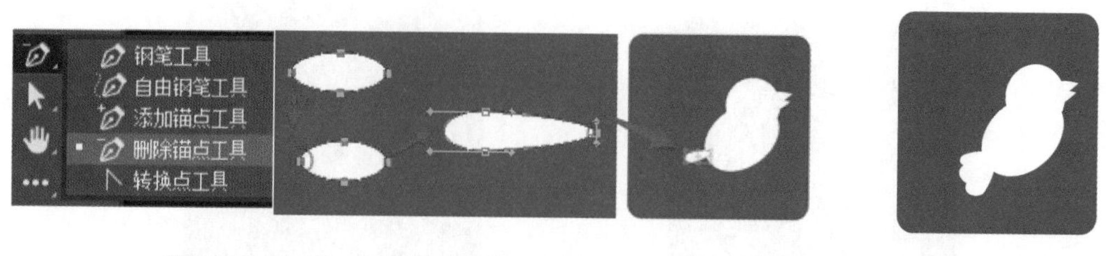

图 2-2-14　和平鸽的尾部羽毛效果

图 2-2-15　和平鸽的尾部效果

步骤 06：制作和平鸽的翅膀，选择【椭圆工具】，在画布中创建一个椭圆，尺寸为 180 像素×108 像素，填充色为白色（#ffffff），无描边，旋转 45 度，如图 2-2-16 所示。制作和平鸽翅膀上的羽毛，选择【椭圆工具】，在画布中创建一个椭圆，尺寸为 118 像素×30 像素，填充色为白色（#ffffff），无描边，选择【转换点工具】，将最右侧的锚点转换为角点，旋转 15 度，其摆放效果如图 2-2-17 所示，复制三片尾部羽毛，和平鸽的翅膀效果如图 2-2-18 所示。

图 2-2-16　和平鸽的翅膀的效果

图 2-2-17　和平鸽翅膀上的羽毛

图 2-2-18　和平鸽的翅膀效果

步骤 07：投影的绘制。选择【钢笔工具】，填充色为黑色（#000000），绘制阴影形状，如图 2-2-19 所示。将阴影图层调整到蓝色底板图层上方，选择【图层】→【创建剪贴蒙版】选项，剪贴效果如图 2-2-20 所示。

图 2-2-19　阴影形状

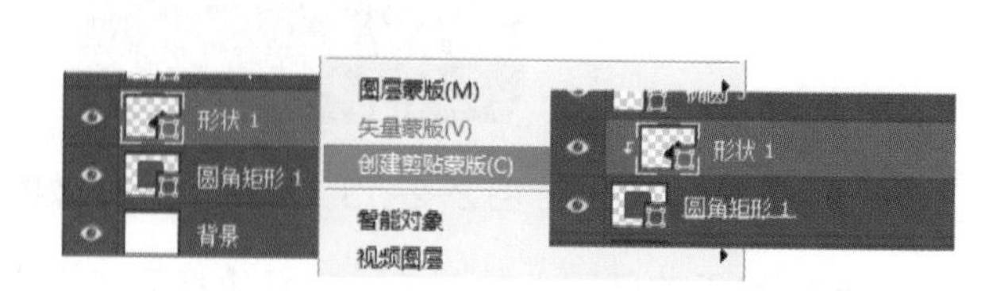

图 2-2-20　剪贴效果

步骤 08：调节投影图层的不透明度为 36%，长投影图标制作完成，如图 2-2-21 所示。

图 2-2-21　长投影图标

3. 拓展任务

（1）收集长投影表现手法的图标，制作素材库。
（2）临摹图 2-2-22 所示的长投影表现手法的图标。

图 2-2-22　长投影表现手法的图标

（3）创作并绘制 5 个长投影表现手法的图标。

任务 3　扁平微质感图标设计

案例展示：
此任务要绘制的文件管理图标如图 2-2-23 所示。

图 2-2-23　文件管理图标

专家讲

扁平微质感图标，在视觉风格上可以简单理解成图标平面化，但又要与平面有一些区别，且不想像拟物化那么写实逼真，设计师们就在设计作品中加入了微量质感来体现，这得到了广泛普及，越来越多的图标采取了这种扁平微质感的设计风格，如图 2-2-24 所示。

图 2-2-24　扁平微质感图标

1. 设计要点

（1）设计思路：当设计一个文件管理的图标时，可能会想到生活中档案室里的档案袋、信封、文件柜，书桌上面的文件夹、文件架等。此任务的创作灵感就是从档案袋切入的，要把握住档案袋的几个特点，如图 2-2-25 所示。

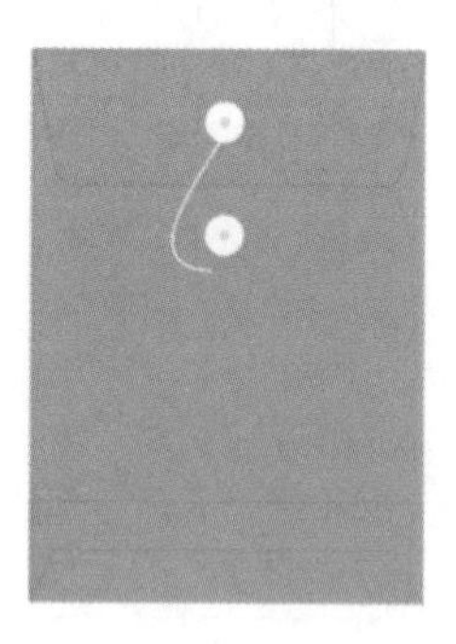

图 2-2-25　档案袋

（2）表现技巧：用微量色差的渐变和投影的表现技法来表现图标的微质感。

（3）技能提炼：

① 圆角矩形的渐变填充；

② 投影、内阴影、内发光样式的设置。

2. 操作步骤

步骤 01：选择【文件】→【新建】选项，新建一个 800 像素×600 像素、分辨率为 72

像素/英寸的画布，背景色填充为白色（#ffffff），选择【圆角矩形工具】，在画布中创建一个圆角矩形，尺寸为 310 像素×310 像素，圆角半径为 30 像素，进行渐变填充，填充色由#f6d57e 到#f8ac3d 渐变，渐变角度为-90 度，渐变填充效果如图 2-2-26 所示。

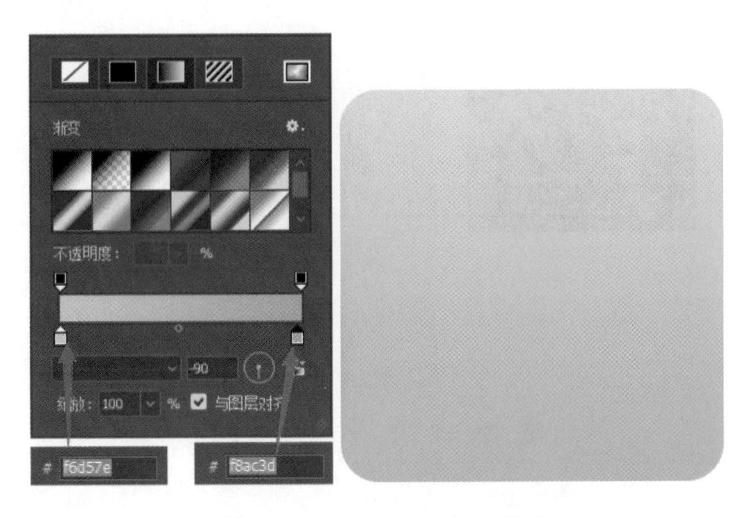

图 2-2-26　渐变填充效果

步骤 02：为圆角矩形添加投影、内发光、内阴影图层样式，相关设置及效果如图 2-2-27 所示。

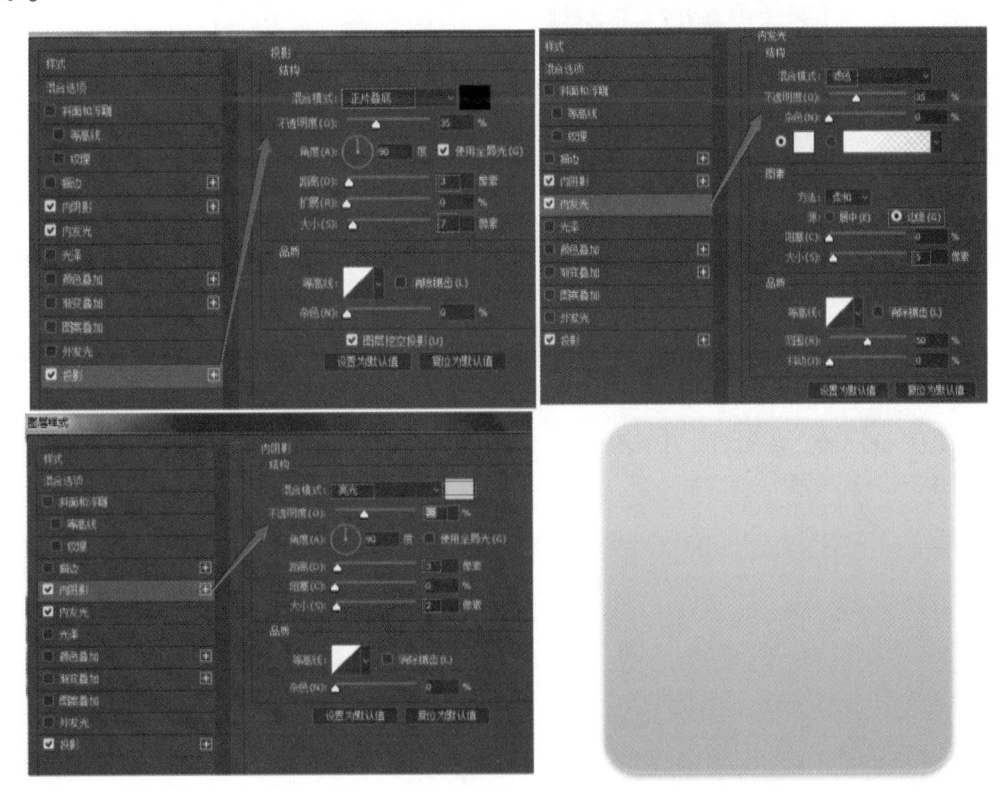

图 2-2-27　图层样式的设置及其效果

步骤 03：绘制开口线，选择【矩形工具】，在画布中创建一个矩形，尺寸为 340 像素×4 像素，填充色为#b28850，无描边，复制图层，并修改填充颜色值为#cfa972，向下移动 4 像素，选中这两个图层，选择【图层】→【创建剪贴蒙版】选项，开口线的效果如图 2-2-28 所示。

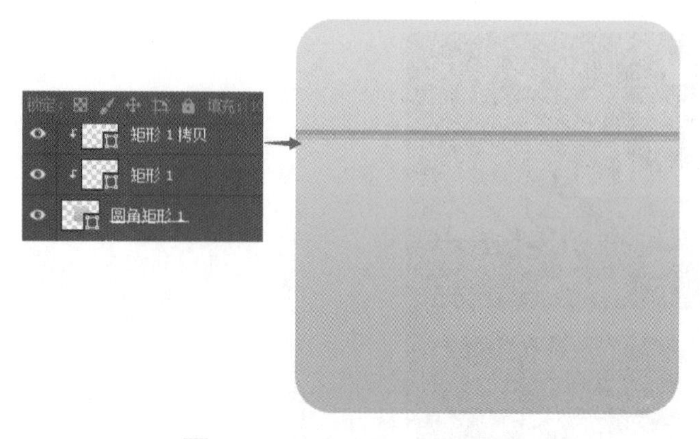

图 2-2-28 开口线的效果

步骤 04：绘制高光圆，选择【椭圆工具】，在画布中创建一个椭圆，尺寸为 430 像素×430 像素，填充色为白色（#ffffff），无描边，不透明度设置为 8%，选择【图层】→【创建剪贴蒙版】选项，剪贴蒙版到圆角矩形图层中，效果如图 2-2-29 所示。

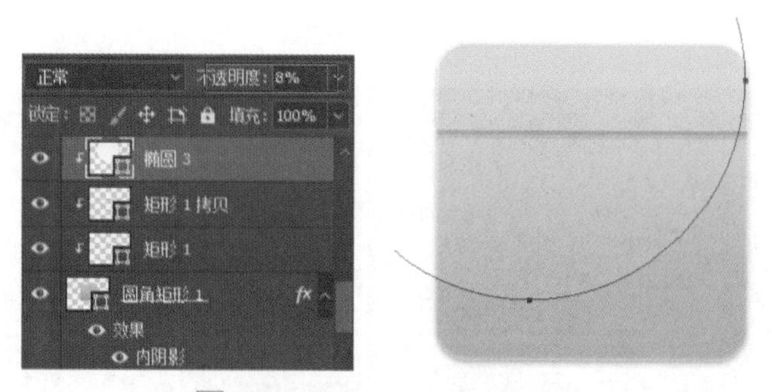

图 2-2-29 高光圆剪贴效果

步骤 05：绘制绑扣，选择【椭圆工具】，在画布中创建椭圆，尺寸为 22 像素×22 像素，填充色为白色（#ffffff），无描边，继续创建椭圆，尺寸为 8 像素×8 像素，填充色为灰色（#a0a0a0），无描边，中心对齐两个椭圆，复制这两个图层，调整其位置，绑扣效果如图 2-2-30 所示。

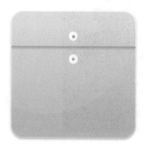

图 2-2-30 绑扣效果

步骤 06：选择【椭圆工具】，在画布中创建一个椭圆，尺寸为 430 像素×430 像素，无填充色，描边为白色（#ffffff），描边宽度为 2 像素，图标完成效果如图 2-2-31 所示。

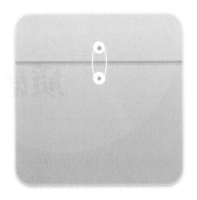

图 2-2-31　图标完成效果

3．拓展任务

（1）收集扁平微质感的图标，制作素材库。

（2）临摹图 2-2-32 所示的扁平微质感图标。

图 2-2-32　扁平微质感图标临摹

（3）创作并绘制 5 个扁平微质感图标。

项目 3

质感图标设计

质感是指人的感觉系统由于视觉刺激对材料做出的反应，是人对材料的生理和心理活动，是人类的感觉器官对材料的综合印象。质感在现代设计中的作用越来越大，它不仅丰富了设计内容的视觉形态语言，还提升了设计内容的视觉传达性。质感图标的设计就是通过人为表现的视觉效果，来唤起存储于人们脑中的对已往生活体验的联想，产生丰富的审美感受，这也是质感被应用于设计中的魅力所在。

任务 1 塑料质感图标设计

案例展示：

此任务要绘制的塑料插座图标如图 2-3-1 所示。

图 2-3-1 塑料插座图标

1. 设计要点

（1）设计思路：制作插座效果，灵感来自家用插座，整体采用方形，色彩使用灰色渐变，加上蓝色光带装饰，增加了作品的科技感，设计灵感导图如图 2-3-2 所示。

图 2-3-2　设计灵感导图

（2）表现技巧：表现物品的塑料质感时，其光面有块状高光，对应的有反光；整体有清晰的边缘，颜色有明暗变化；加上浮雕、投影效果以增加立体感；细节部分用到了内阴影、内发光等技法。

（3）技能提炼：

① 使用矢量形状工具绘制基本图形；

② 使用图层样式对图层进行调节。

2. 操作步骤

步骤 01：打开 Photoshop，选择【文件】→【新建】选项，新建一个 800 像素×600 像素、分辨率为 72 像素/英寸的画布，背景色填充为白色（#ffffff），如图 2-3-3 所示。

图 2-3-3　新建文件

步骤 02：选择【圆角矩形工具】，在画布中创建一个圆角矩形，尺寸为 290 像素×290

像素，圆角半径为 50 像素，如图 2-3-4 所示。

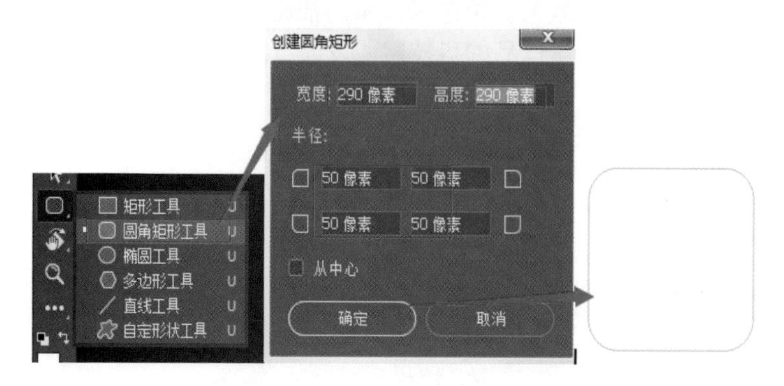

图 2-3-4　创建圆角矩形

设置圆角矩形的填充颜色值为#d8d8d8，效果如图 2-3-5 所示。

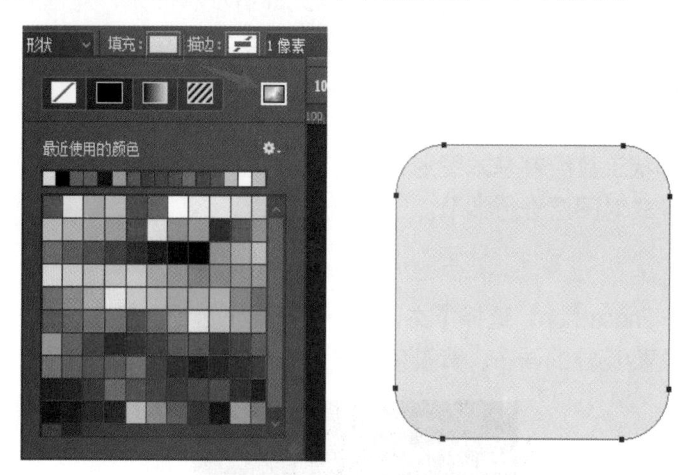

图 2-3-5　圆角矩形填色

步骤 03：在“图层”面板中为圆角矩形添加斜面和浮雕效果、渐变叠加效果，如图 2-3-6 所示。

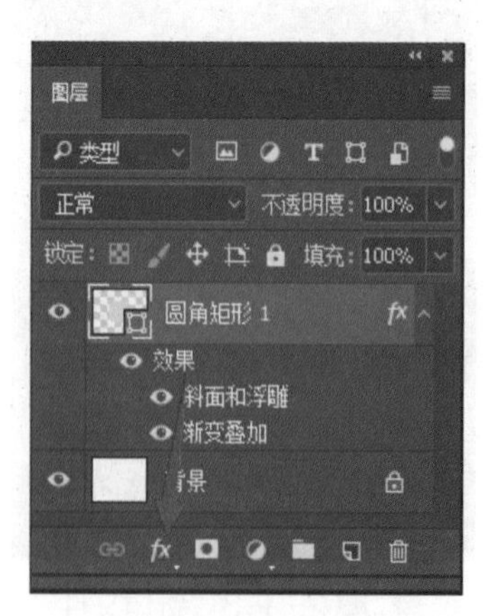

图 2-3-6　添加斜面和浮雕、渐变叠加效果

在创建圆角矩形前，把前景色改成要填充的颜色，即可直接创建想要的圆角矩形。

斜面和浮雕图层样式的参数设置如图 2-3-7 所示。

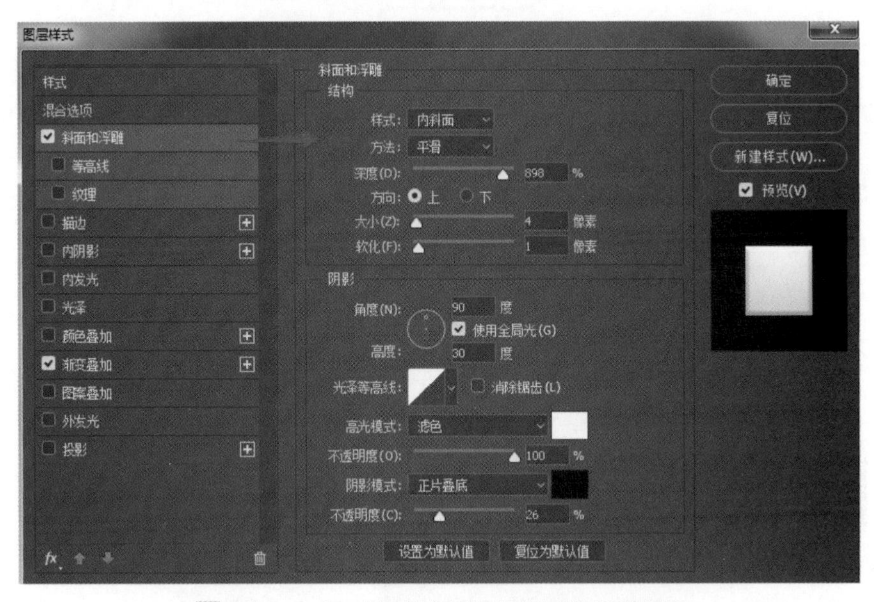

图 2-3-7　斜面和浮雕图层样式的参数设置

渐变叠加图层样式的参数设置如图 2-3-8 所示，设置完成后效果如图 2-3-9 所示。

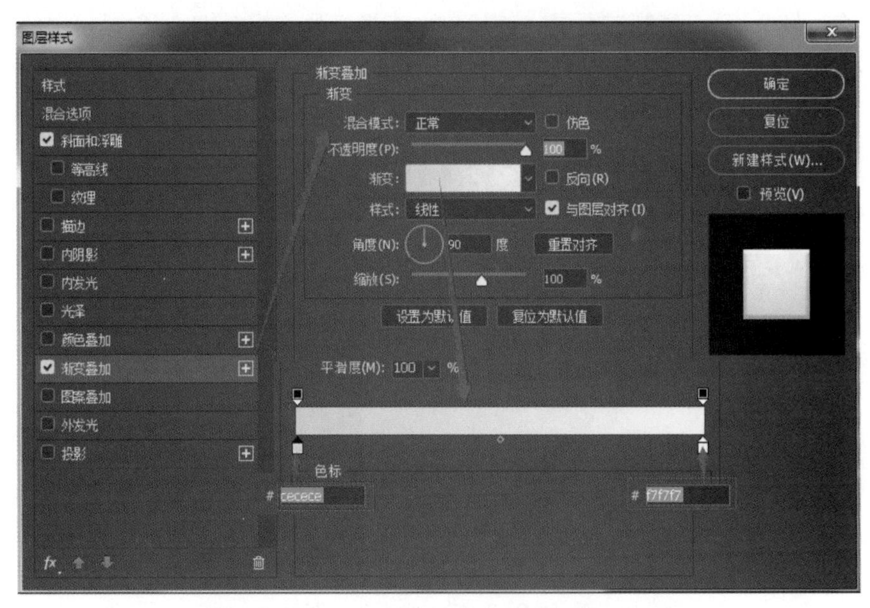

图 2-3-8　渐变叠加图层样式的参数设置

图 2-3-9　完成后的效果

步骤 04：选择【椭圆工具】，创建一个新的形状图层，绘制出 210 像素×210 像素的圆形，在“图层”面板中添加渐变叠加效果，渐变色为#ffffff 到#d4d4d4，如图 2-3-10 所示，绘制的效果如图 2-3-11 所示。

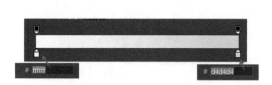

图 2-3-10　渐变色值图

图 2-3-11　圆形绘制效果

步骤 05：选择【椭圆工具】，创建一个新的图层，绘制出 196 像素×196 像素的圆形，填充颜色值为#2ebefa。复制该图层，使用自由变换工具（组合键为 Ctrl+T）缩放圆形为 190 像素×190 像素，中心对齐两个圆形图层，如图 2-3-12 所示，按组合键 Ctrl+E 合并这两个图层，再对合并后的图层与下一图层做中心对齐处理。

图 2-3-12　中心对齐图层

快速复制图层时可以使用组合键 Ctrl+J，也可以拖动相应图层到创建新图层按钮上。

步骤 06：选择【路径选择工具】，选中小圆形的路径，在属性栏中单击【路径操作】下拉按钮，在下拉列表中选择【减去顶层形状】选项，如图 2-3-13 所示。

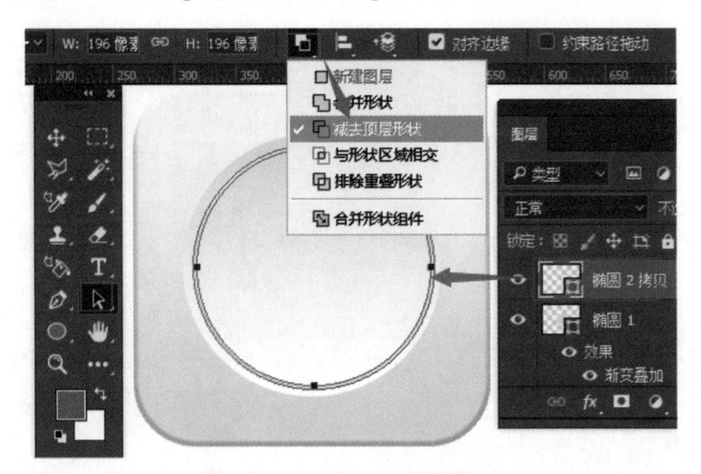

图 2-3-13　减去顶层形状

选择该图层，打开“属性”面板，在“实时形状属性”中调节填充颜色值为#28c5ff，在“蒙版”属性中调整羽化值为“2.5 像素”，如图 2-3-14 所示。样式效果如图 2-3-15 所示。

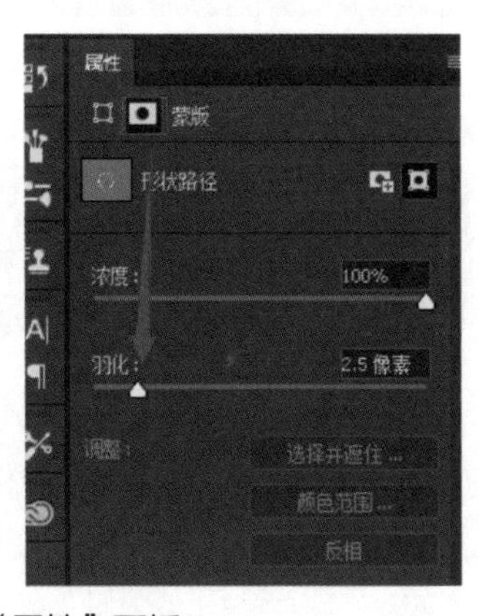

图 2-3-14　“属性”面板

图 2-3-15　样式效果

步骤 07：选择【椭圆工具】，创建一个新的图层，绘制出 190 像素 ×190 像素的圆形，填充颜色值为#e6e6e6，中心对齐所有图层。为新建图层添加斜面和浮雕、渐变叠加、投影图层样式，参数设置如图 2-3-16~图 2-3-18 所示。

专家讲

在制作图标的实际工作中，这些面板中的参数不是固定的，可以按照自己的想法设定数值，需多尝试、多练习。

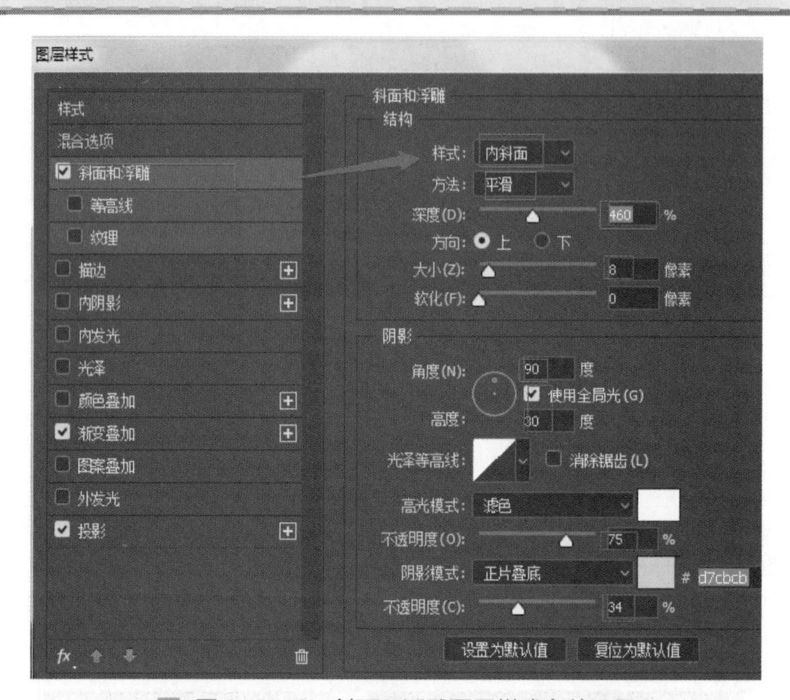

图 2-3-16　斜面和浮雕图层样式参数设置

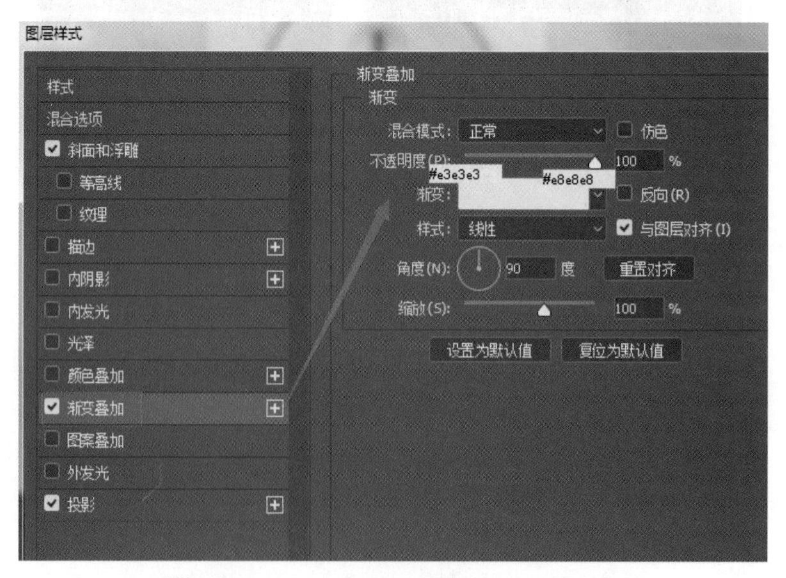

图 2-3-17　渐变叠加图层样式参数设置

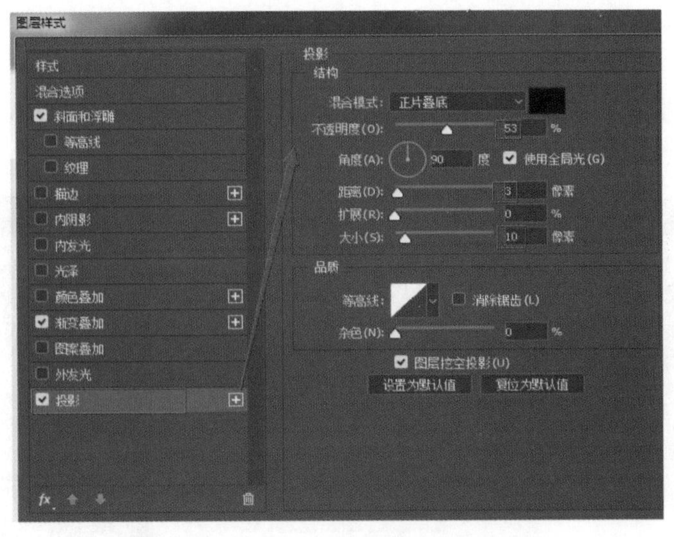

图 2-3-18 投影图层样式参数设置

图层样式的参数设置完成后，效果如图 2-3-19 所示。

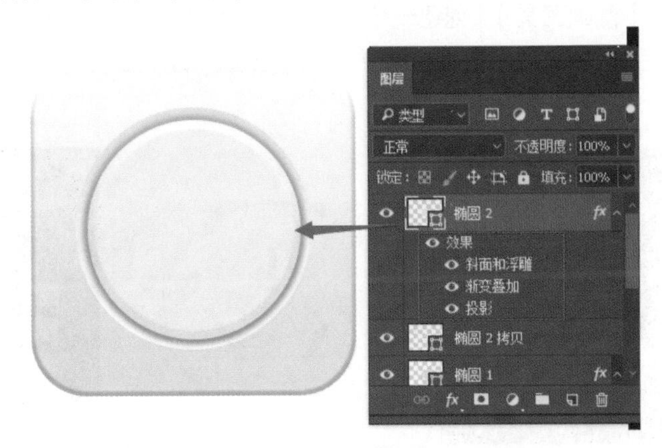

图 2-3-19 设置图层样式后的效果

步骤 08：选择【椭圆工具】，创建一个新的图层，绘制出 54 像素×54 像素的圆形，填充颜色值为#d8d8d8，添加渐变叠加图层样式，颜色由#f6f6f6 至#c2c2c2，凹坑效果如图 2-3-20 所示。

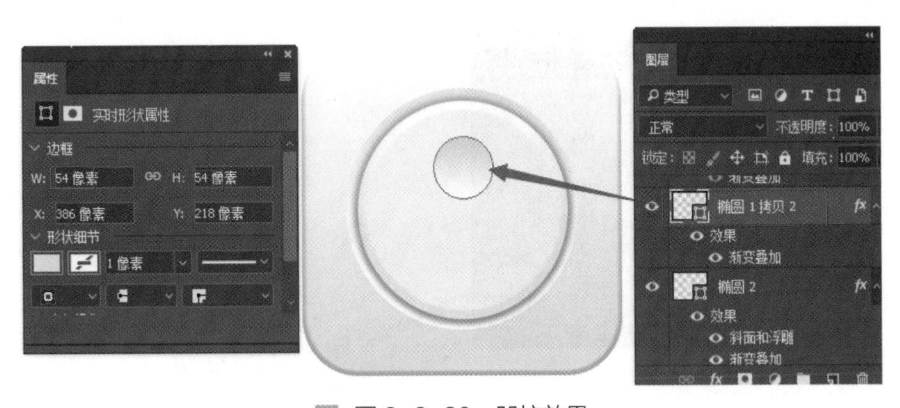

图 2-3-20 凹坑效果

再次选择【矩形工具】，创建一个新的图层，绘制出宽度为 8 像素、高度为 42 像素的矩形，填充颜色值为#313131，添加渐变叠加图层样式，颜色由#373737 至#141414，颜色渐变作为插座上插孔，将图层不透明度调整为 70%，再复制出两个矩形，调整其位置，插孔效果如图 2-3-21 所示。

图 2-3-21　插孔效果

步骤 09：选择【椭圆工具】，创建一个新的图层，绘制 14 像素×14 像素的圆形，填充色设置为无，描边颜色值为#28c5ff，描边宽度为 2 像素，制作蓝色指示灯，效果如图 2-3-22 所示。

图 2-3-22　蓝色指示灯效果

添加文字图层，输入文字“stuefim”，字体为方正粗宋简体，字号为 18 像素，文字效果如图 2-3-23 所示。

图 2-3-23　文字效果

添加内阴影、渐变叠加和投影图层样式，参数设置分别如图 2-3-24～图 2-3-26 所示。

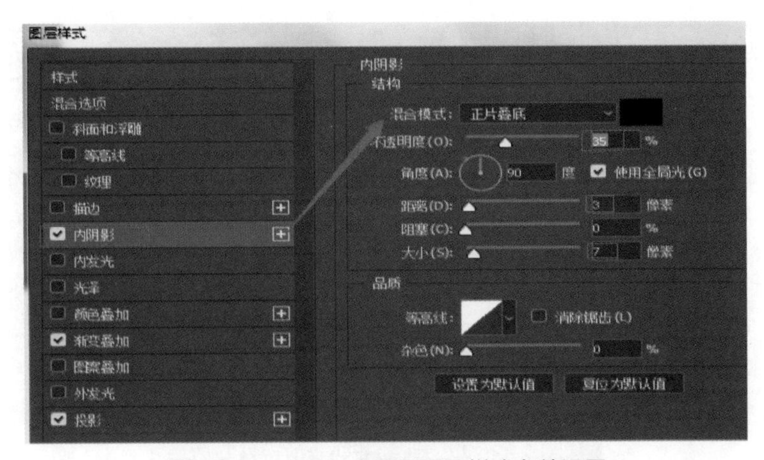

图 2-3-24　内阴影图层样式参数设置

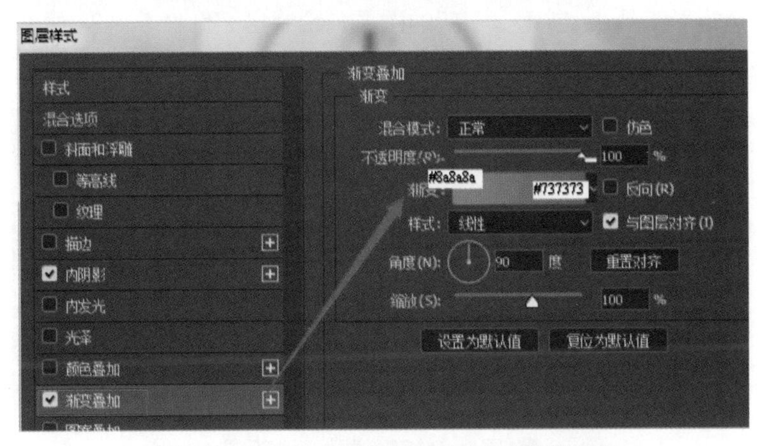

图 2-3-25　渐变叠加图层样式参数设置

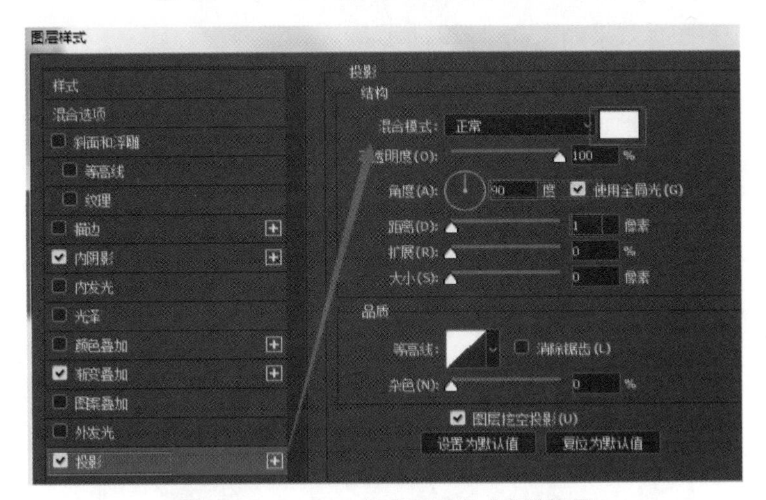

图 2-3-26　投影图层样式参数设置

步骤 10：新建图层，在【渐变工具】中选择【径向渐变】选项，调整渐变颜色值为#c0bdbd 至#d4d4d4 至#a6a5a5，在画布中拖动出渐变效果，调整图层顺序，背景渐变参数设置及效果如图 2-3-27 所示。

图 2-3-27　背景渐变参数设置及效果

选择【圆角矩形工具】，创建一个新的图层，绘制出 280 像素 × 24 像素的矩形，填充颜色值为#707070，“蒙版”属性羽化值为“5.4 像素”，效果如图 2-3-28 所示。

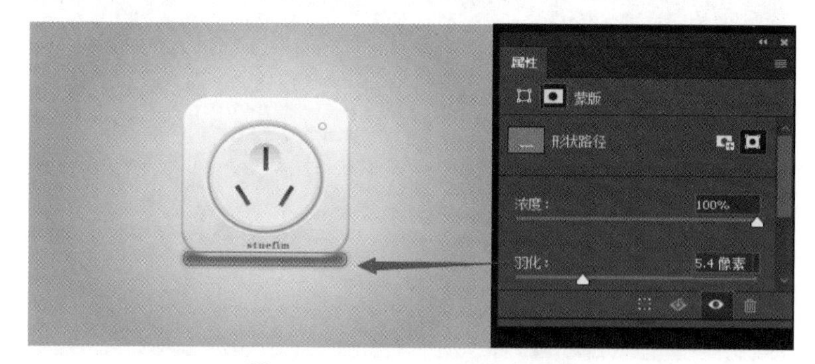

图 2-3-28　蒙版效果设置

完成后的塑料图标效果如图 2-3-29 所示。

图 2-3-29　塑料图标效果

3. 拓展任务

（1）收集塑料微质感图标素材，分类保存微质感图标（可用文件夹进行分类），这样做能提高审美和欣赏水平。

（2）临摹图 2-3-30 所示的塑料微质感图标。

图 2-3-30 塑料微质感图标临摹

（3）找出两张塑料微质感的图标进行临摹，要求在 3 个小时内完成任务。

任务 2 毛绒质感图标设计

案例展示：

此任务要绘制的毛绒质感图标如图 2-3-31 所示。

图 2-3-31 毛绒质感图标

1. 设计要点

（1）设计思路：利用滤镜和涂抹工具制作出可爱的毛绒效果，并根据形状制作出合适的明暗变化。此图标具有可爱、童趣的效果，在需要营造出可爱效果的时候可以使用毛绒质感的表现手法。

（2）表现技巧：表现毛绒质感时，其光面有高光，对应的有阴影；通过滤镜可增加毛绒质感；细节部分使用到了涂抹工具等。

（3）技能提炼：

① 使用矢量形状工具绘制基本图形；

② 使用滤镜制作出整体的毛绒质感；

③ 使用涂抹工具制作出质感的细节。

2. 操作步骤

步骤 01：打开 Photoshop，选择【文件】→【新建】选项，新建一个 800 像素×600 像素、分辨率为 72 像素/英寸的画布，背景色填充为白色（#ffffff），如图 2-3-32 所示。

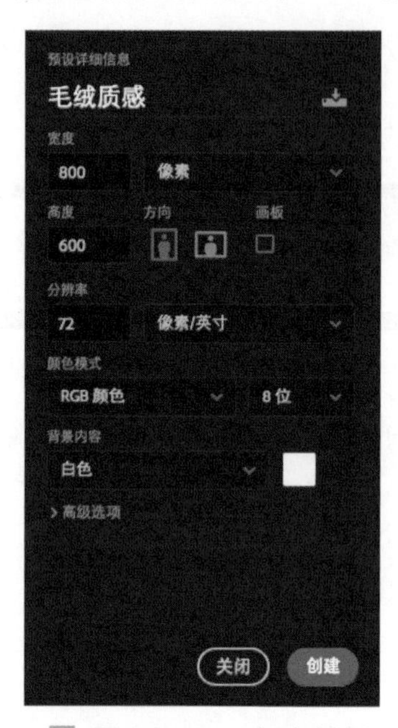

图 2-3-32　新建文件

步骤 02：选择【圆角矩形工具】，在画布中创建一个圆角矩形，尺寸为 300 像素 ×450 像素，圆角半径为 150 像素，如图 2-3-33 所示。

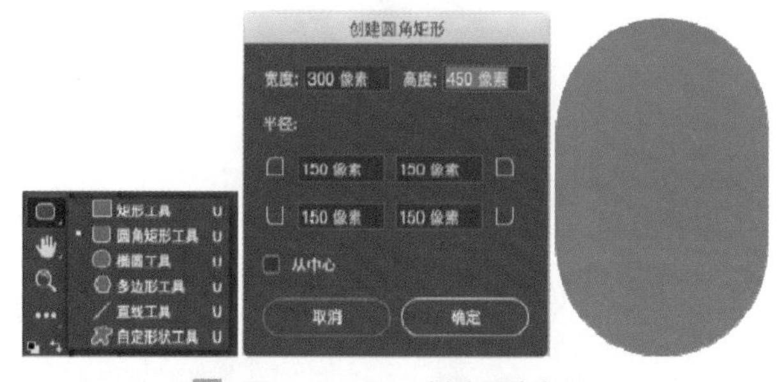

图 2-3-33　创建圆角矩形

设置圆角矩形填充颜色值为#127fe4，如图 2-3-34 所示。

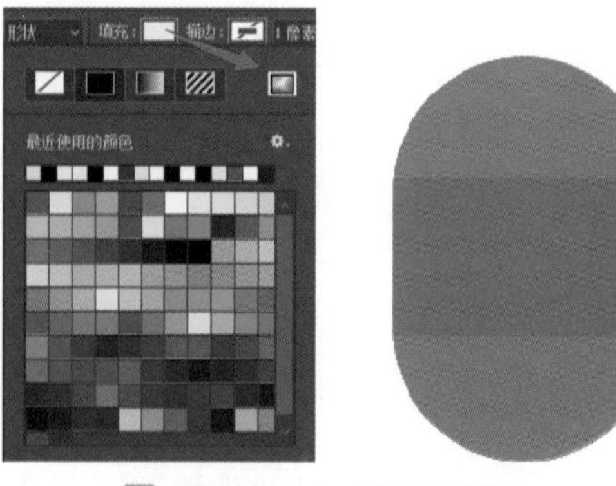

图 2-3-34　圆角矩形填色

步骤 03：按组合键 Ctrl+A 为画布选区，选择【移动工具】，在选项栏中单击垂直居中对齐和水平居中对齐按钮，如图 2-3-35 所示。

图 2-3-35　垂直居中对齐和水平居中对齐按钮

在圆角矩形图层上右击，在弹出的快捷菜单中选择“栅格化图层”选项，如图 2-3-36 所示。

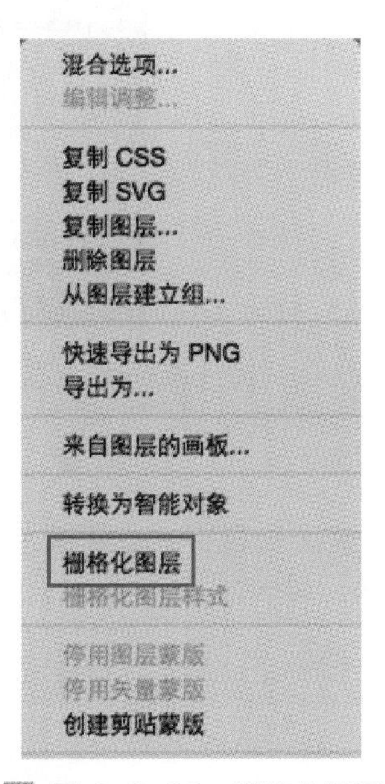

图 2-3-36　栅格化图层

选择【滤镜】→【杂色】→【添加杂色】选项，数量设置为“20%”，勾选“单色”复选框，如图 2-3-37 所示。

选择【滤镜】→【模糊】→【径向模糊】选项，模糊方法选择“缩放”，数量设置为“20”，如图 2-3-38 所示。

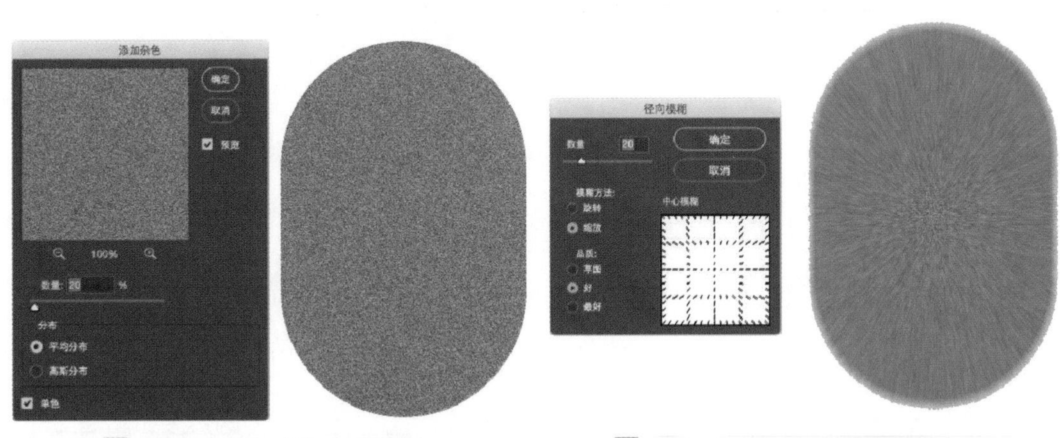

图 2-3-37　添加杂色效果　　图 2-3-38　径向模糊效果

选择【滤镜】→【锐化】→【锐化】选项，再选择【滤镜】→【模糊】→【径向模糊】选项，继续选择【滤镜】→【锐化】→【锐化】选项，再次选择【滤镜】→【模糊】→【径向模糊】选项，设置完成后的效果如图 2-3-39 所示。

选择【滤镜】→【模糊】→【高斯模糊】选项，半径设为 0.5 像素，按组合键 Ctrl+D 取消选区，设置完成后的效果如图 2-3-40 所示。

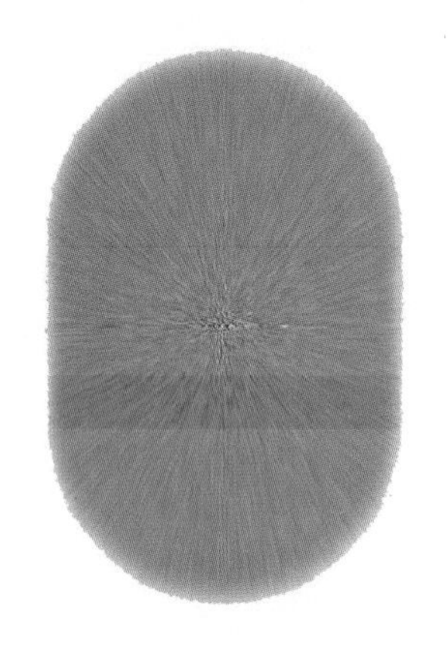

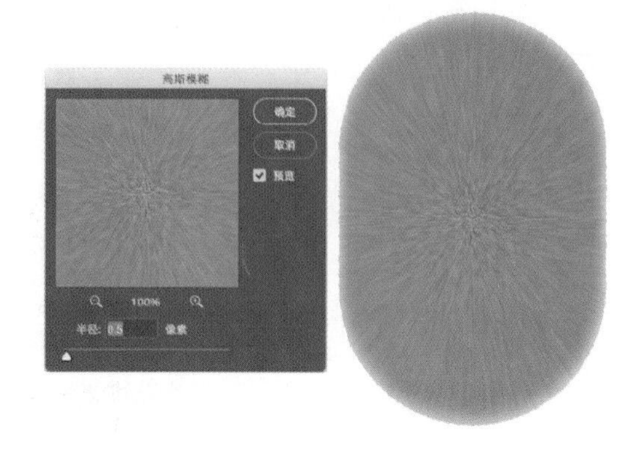

图 2-3-39　径向模糊效果

图 2-3-40　高斯模糊效果

步骤 04： 选择【涂抹工具】，在选项栏中设置画笔大小为 2 像素，强度为 80%，在边缘处由中心向四周随意地进行涂抹，设置完成后的效果如图 2-3-41 所示。

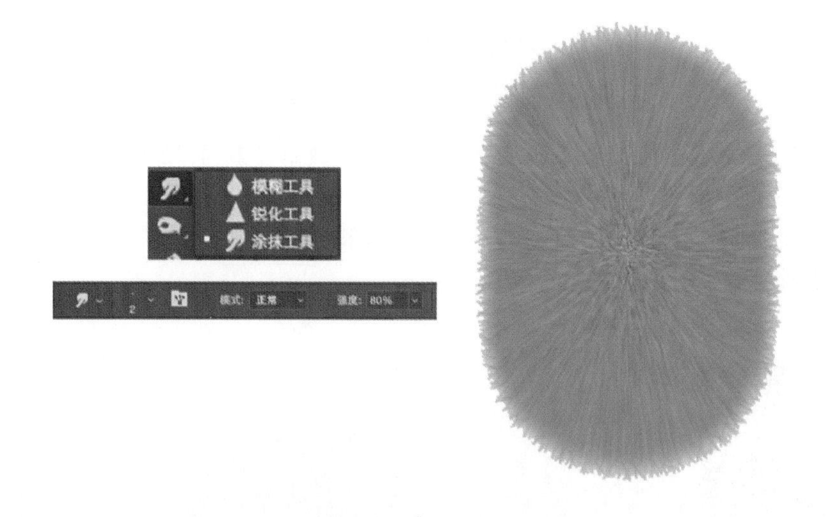

图 2-3-41　涂抹效果

步骤 05： 选择【椭圆工具】，创建一个新的形状图层，绘制出 360 像素 ×360 像素的圆形，设置圆形填充颜色值为#ffffff，如图 2-3-42 所示，在“属性”面板中调整羽化数值为 70 像素，如图 2-3-43 所示，羽化效果如图 2-3-44 所示。

在“图层”面板中，将该图层的不透明度修改为35%，设置完成后的效果如图 2-3-45 所示。

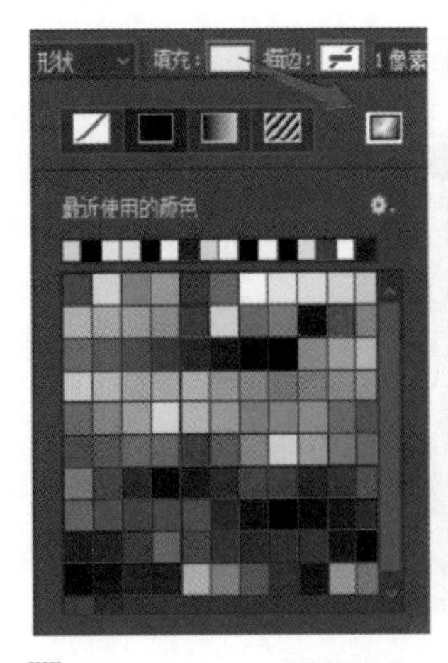

■ 图 2-3-42　圆形填充

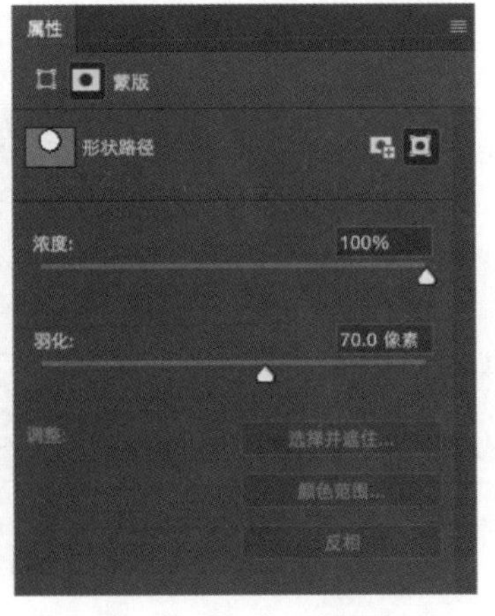

■ 图 2-3-43　设置羽化值

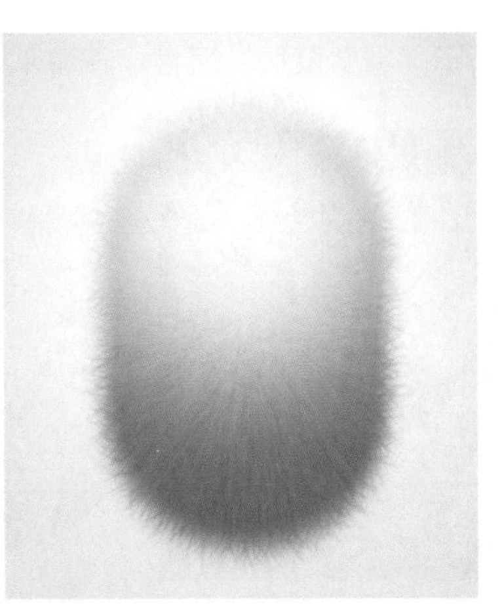
■ 图 2-3-44　羽化效果

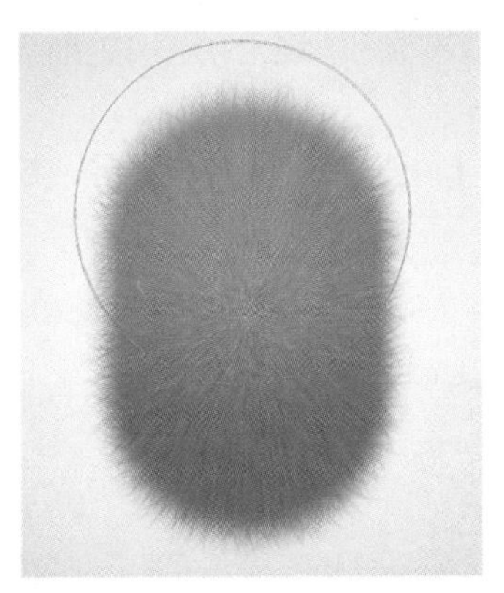
■ 图 2-3-45　将图层不透明度修改为 35%

步骤 06：选择【椭圆工具】，创建一个新的图层，绘制出 350 像素×350 像素的圆形，填充颜色值为#003997。选择【路径选择工具】，选中绘制的圆形，按住 Alt 键复制该形状，并按住 Shift 键向上移动 70 像素，如图 2-3-46 所示。

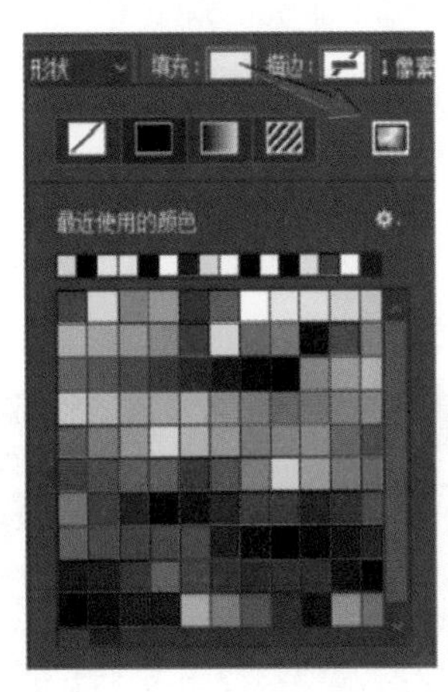

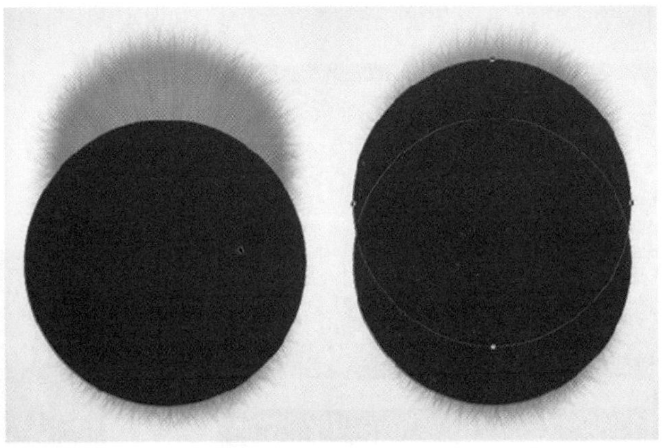
■ 图 2-3-46　圆形绘制效果

打开“属性”面板，在“实时形状属性”中调节路径操作为减去顶层形状，如图 2-3-47

所示。在“蒙版”属性中调整羽化值为 48 像素，如图 2-3-48 所示。

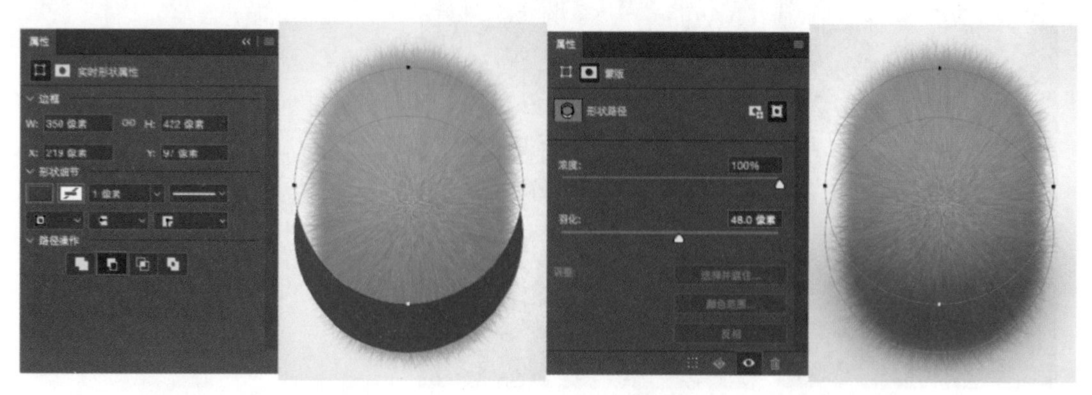

图 2-3-47　路径操作　　图 2-3-48　羽化效果

按住 Ctrl 键选中制作完成的高光和阴影图层，按组合键 Ctrl+Alt+G 创建剪贴蒙版，如图 2-3-49 所示。

步骤 07：选择【椭圆工具】，创建一个新的图层，绘制出 175 像素×148 像素的椭圆形，如图 2-3-50 所示。

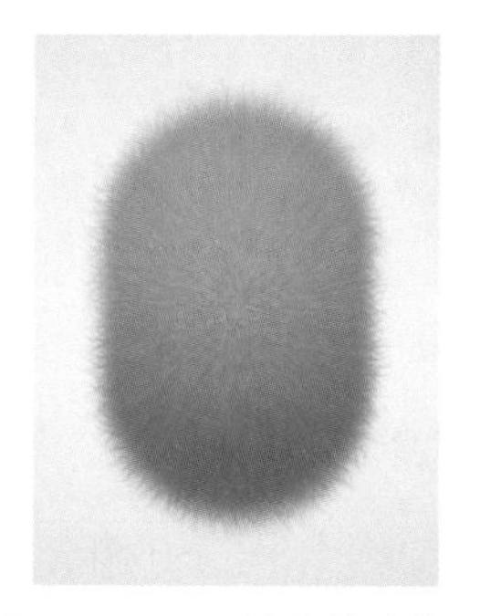

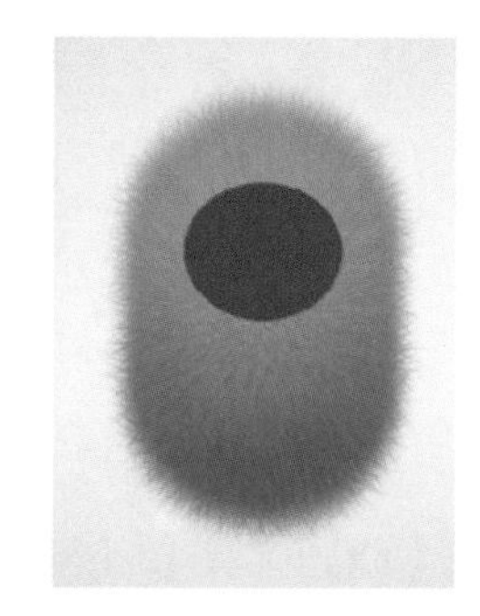

图 2-3-49　创建剪贴蒙版　　图 2-3-50　椭圆形绘制效果

在“图层”面板中为圆形添加渐变叠加、内阴影、描边、斜面和浮雕图层样式。渐变叠加图层样式参数设置如图 2-3-51 所示。内阴影图层样式参数设置如图 2-3-52 所示。

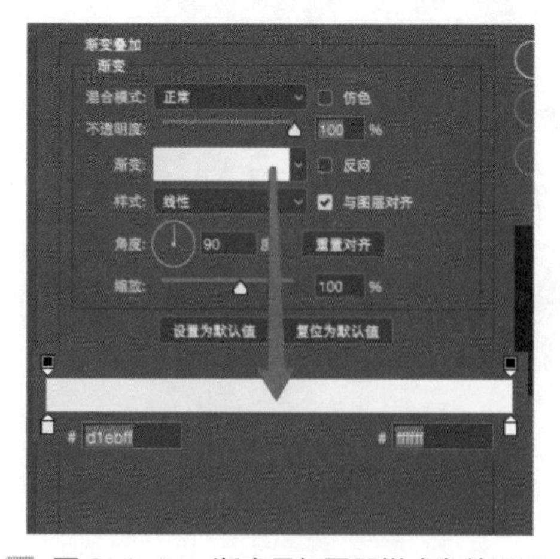

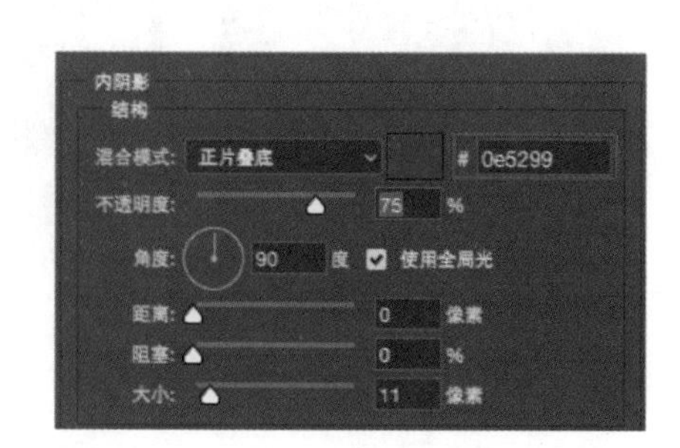

图 2-3-51　渐变叠加图层样式参数设置　　图 2-3-52　内阴影图层样式参数设置

描边图层样式参数设置如图 2-3-53 所示。斜面和浮雕图层样式参数设置如图 2-3-54 所示。绘制的眼白效果如图 2-3-55 所示。

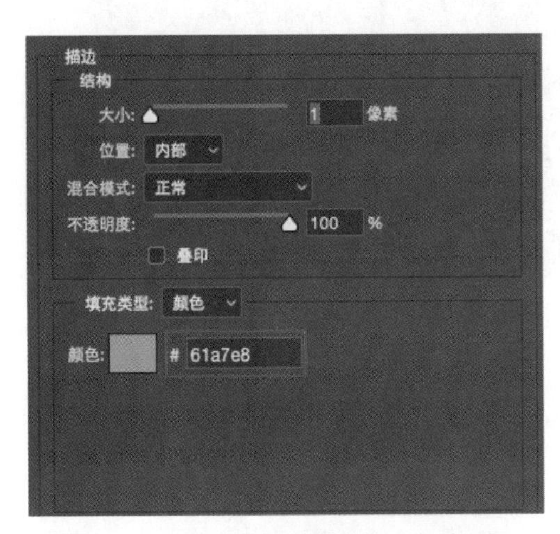

图 2-3-53 描边图层样式参数设置

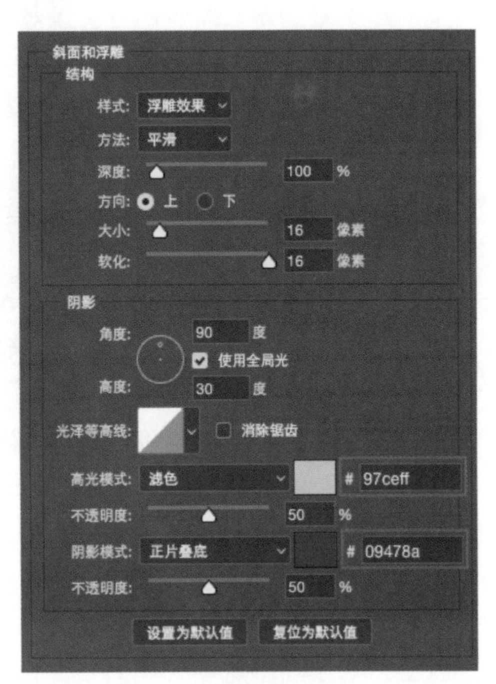

图 2-3-54 斜面和浮雕图层样式参数设置

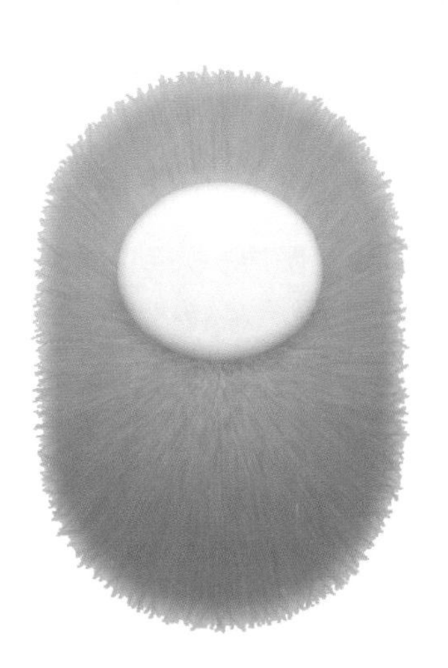

图 2-3-55 眼白效果

步骤 08：选择【椭圆工具】，创建一个新的图层，绘制出 78 像素×78 像素的圆形，如图 2-3-56 所示。在"图层"面板中为圆形添加渐变叠加图层样式，如图 2-3-57 所示。绘制的眼珠效果如图 2-3-58 所示。

选择【椭圆工具】，创建一个新的图层，绘制出 34 像素×34 像素的圆形，填充颜色值为 #011032，绘制的瞳孔效果如图 2-3-59 所示。

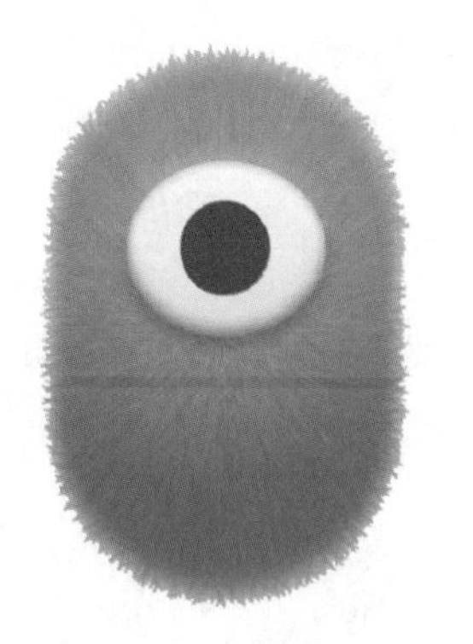

■ 图 2-3-56　绘制圆形

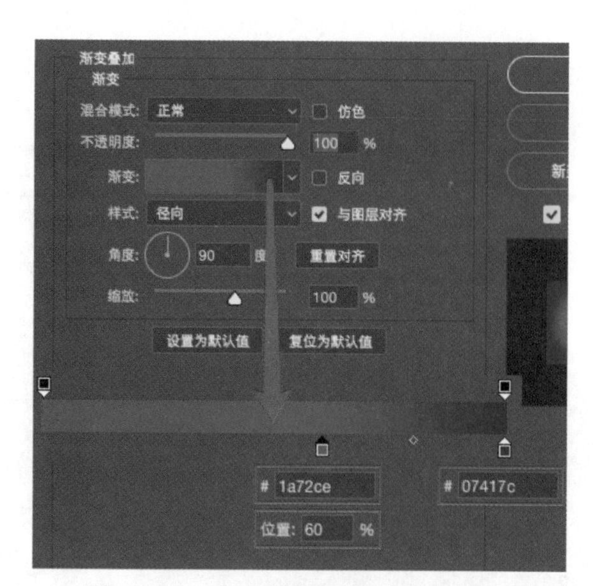

■ 图 2-3-57　渐变叠加图层样式参数设置

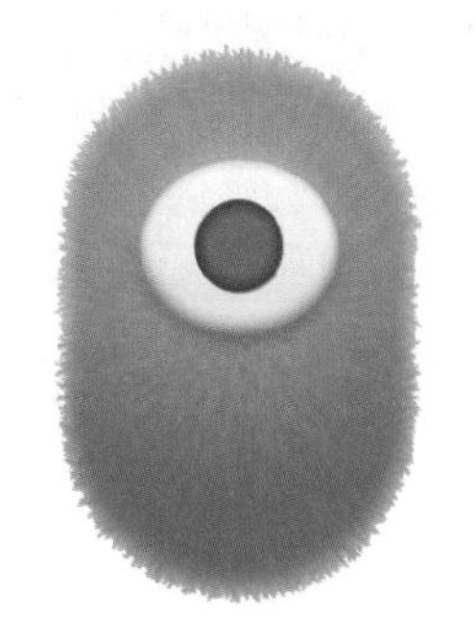

■ 图 2-3-58　眼珠效果

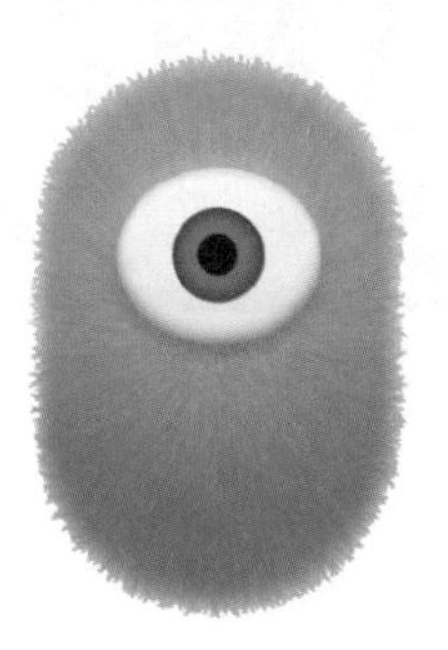

■ 图 2-3-59　瞳孔效果

选择【椭圆工具】，创建一个新的图层，分别绘制出 17 像素 ×10 像素和 12 像素 ×6 像素的椭圆形，按组合键 Ctrl+T 将图层旋转 30 度，填充颜色值为 # ffffff，高光效果如图 2-3-60 所示。

步骤 09：选择【椭圆工具】，创建一个新的图层，绘制出 120 像素 ×120 像素的圆形，填充颜色值为 # 0f56a0。选择【路径选择工具】，选中图形中最上方的锚点，向下移动 50 像素，形状完成效果如图 2-3-61 所示。

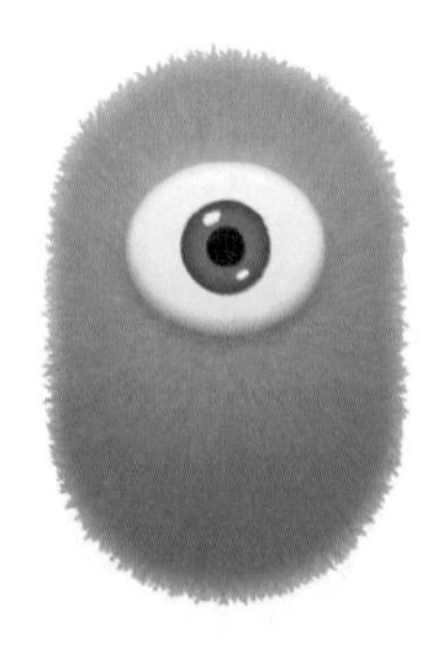

■ 图 2-3-60　高光效果

■ 图 2-3-61　形状完成效果

在“图层”面板中为该图层添加内阴影和外发光图层样式，内阴影颜色值为 #0e5299，大小为 13 像素，如图 2-3-62 所示。

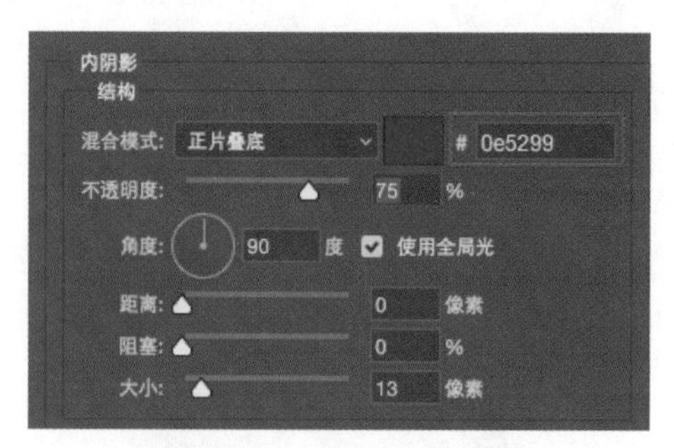

图 2-3-62 内阴影设置

外发光颜色值为 #4ca0eb，大小为 17 像素，如图 2-3-63 所示。绘制的嘴巴效果如图 2-3-64 所示。

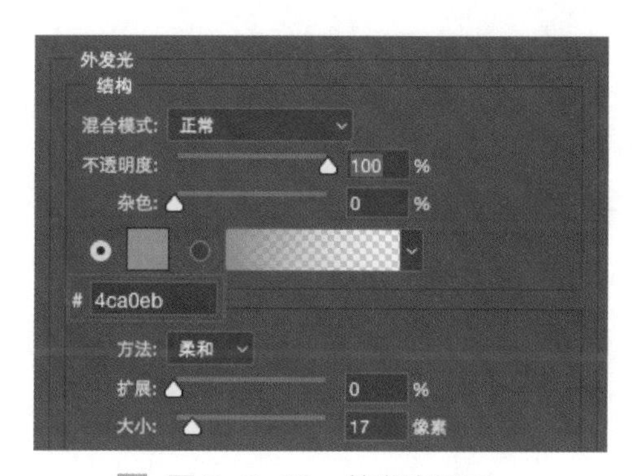

图 2-3-63 外发光设置

图 2-3-64 嘴巴效果

选择【椭圆工具】，创建一个新的图层，绘制出 94 像素×66 像素的椭圆形，填充颜色值为 #ee5546。按组合键 Ctrl+Alt+G 创建剪贴蒙版，绘制的舌头效果如图 2-3-65 所示。

选择【圆角矩形工具】，创建一个新的图层，绘制出 30 像素×40 像素的圆角矩形，填充颜色值为 #ffffff。按组合键 Ctrl+Alt+G 创建剪贴蒙版，整体效果如图 2-3-66 所示。

图 2-3-65 舌头效果

图 2-3-66 整体效果

3. 拓展任务

（1）收集毛绒质感图标素材，分类保存毛绒质感图标（可用文件夹进行分类），这样做能提高审美和欣赏水平。

（2）临摹图 2-3-67 所示的毛绒质感图标。

图 2-3-67 毛绒质感图标临摹

（3）找出两张毛绒质感的图标进行临摹，要求在 3 个小时内完成任务。

任务 3 皮质图标设计

案例展示：

此任务要绘制的皮质图标如图 2-3-68 所示。

图 2-3-68 皮质图标

1. 设计要点

（1）设计思路：利用图案叠加制作出皮质的效果，使用图层样式来细化质感的表现，并根据形状制作出合适的明暗变化。在制作通讯录、记事本等图标时可以使用皮质质感的表现手法。

（2）表现技巧：图案叠加的使用，注意透视关系的设置，细节部分使用图层样式进行仔细调节。

（3）技能提炼：

① 使用矢量形状工具绘制基本图形；

② 使用图案叠加绘制整体皮质的质感；

③ 使用图层样式绘制质感的细节。

2. 操作步骤

步骤 01：打开 Photoshop，选择【文件】→【新建】选项，新建一个 800 像素×600 像素、分辨率为 72 像素/英寸的画布，背景色填充为白色（#ffffff），如图 2-3-69 所示。

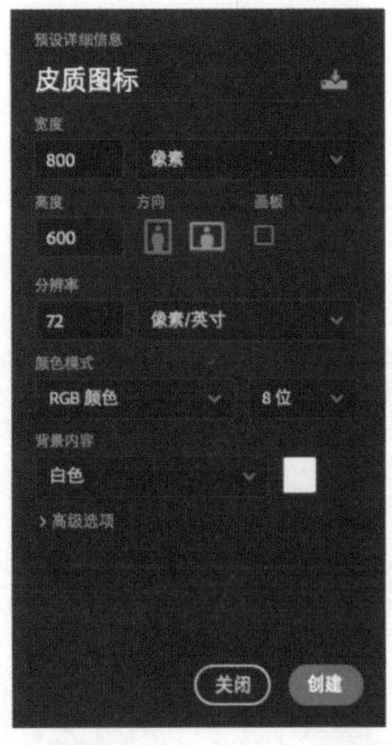

图 2-3-69　新建文件

步骤 02：选择【圆角矩形工具】，在画布中创建一个圆角矩形，尺寸为 300 像素×300 像素，圆角半径为 50 像素，如图 2-3-70 所示。

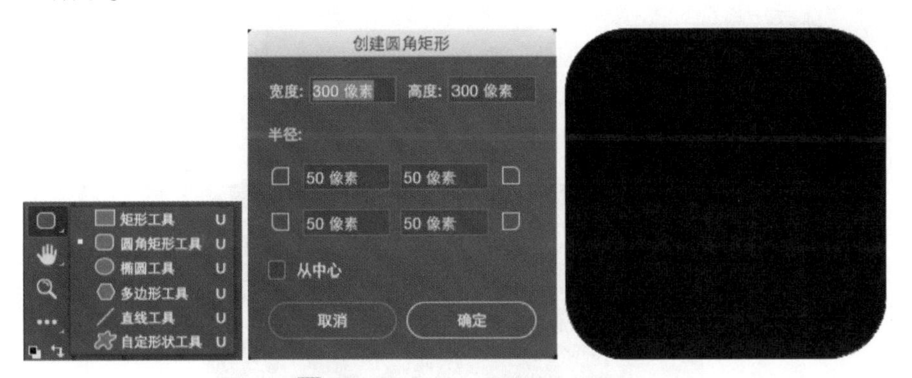

图 2-3-70　创建圆角矩形

按组合键 Ctrl+O 打开图案素材，如图 2-3-71 所示。也可以从网络中搜索类似的图案素材，选择【编辑】→【定义图案】选项，单击【确定】按钮。

图 2-3-71　皮质图案素材

回到圆角矩形图层，为图层添加图案叠加、渐变叠加、斜面和浮雕、内阴影和投影图层样式。图案选择为已经设置好的皮质图案，如图 2-3-72 所示。渐变叠加的混合模式为“叠加”，不透明度设为 55%，具体参数的设置如图 2-3-73 所示。

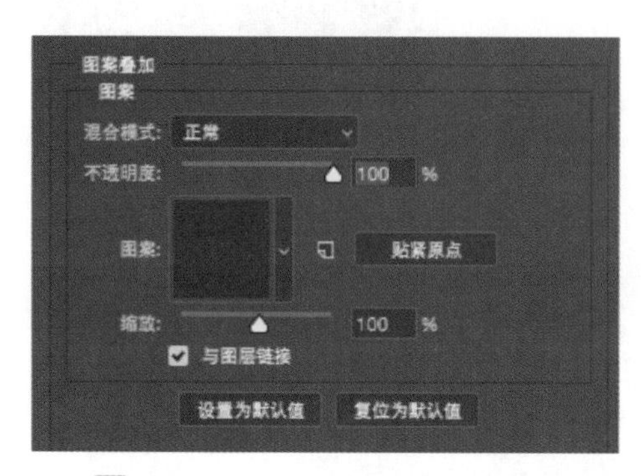

图 2-3-72 图案叠加的设置

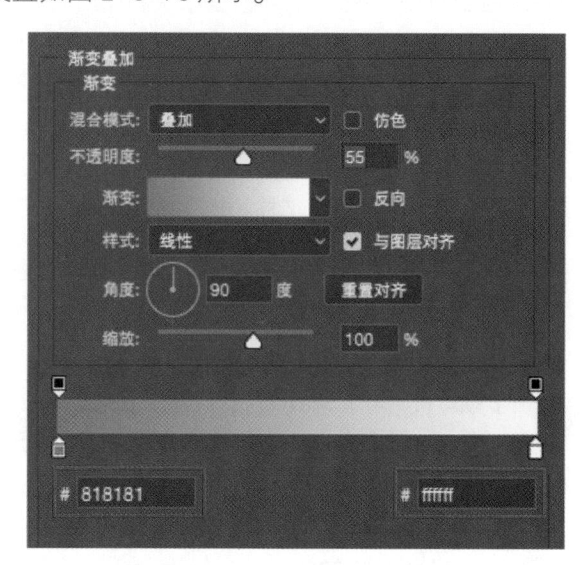

图 2-3-73 渐变叠加的设置

斜面和浮雕大小设为 1 像素，角度设为 90 度，勾选“使用全局光”复选框，参数设置如图 2-3-74 所示。内阴影不透明度设为 75%，距离设为 0 像素，大小设为 5 像素，如图 2-3-75 所示。投影的不透明度设为 75%，距离设为 5 像素，扩展设为 20%，大小设为 20 像素，如图 2-3-76 所示。

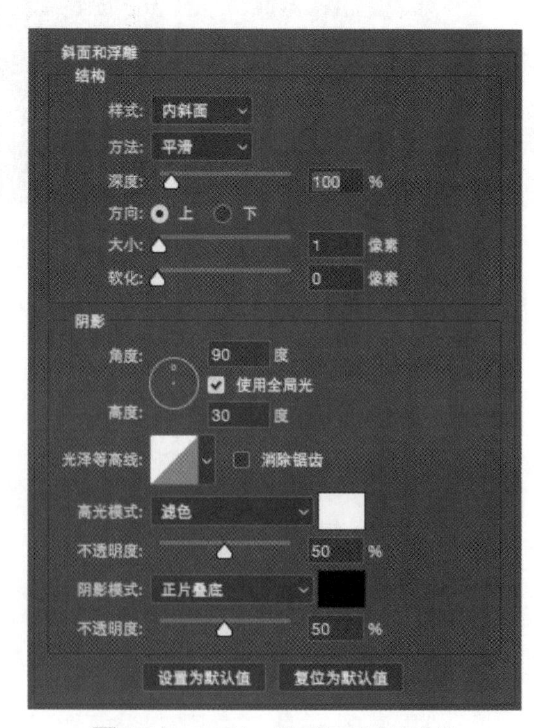

图 2-3-74 斜面和浮雕的设置

图 2-3-75　内阴影的设置

图 2-3-76　投影的设置

封皮完成效果如图 2-3-77 所示。

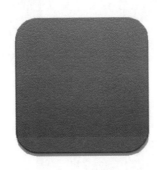

图 2-3-77　封皮完成效果

步骤 03：按组合键 Ctrl+J 复制图层，在图层上右击，在弹出的快捷菜单中选择【清除图层样式】选项。选择【矩形工具】，按住 Alt 键创建一个矩形，将右侧形状减去。选择【路径选择工具】，按住 Shift 键的同时选中这两个形状，在选项栏中选择【路径操作】→【合并形状】选项。形状完成效果如图 2-3-78 所示。

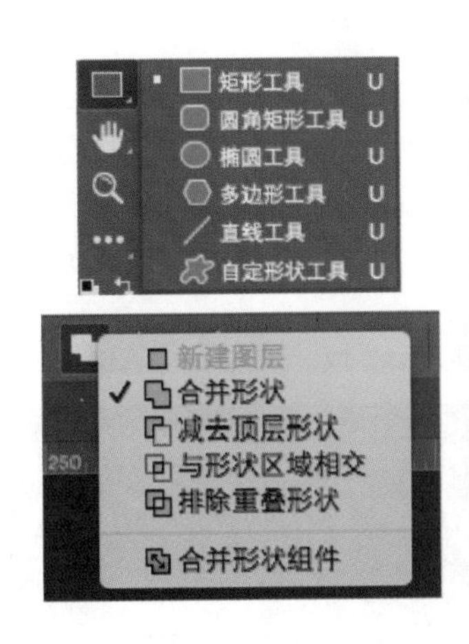

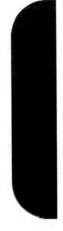

图 2-3-78　形状效果

为图层添加渐变叠加和投影图层样式，渐变叠加图层样式参数设置如图 2-3-79 所示。投影颜色值设为 #4e2506，大小设为 1 像素，距离设为 1 像素，如图 2-3-80 所示。绘制的书脊效果如图 2-3-81 所示。

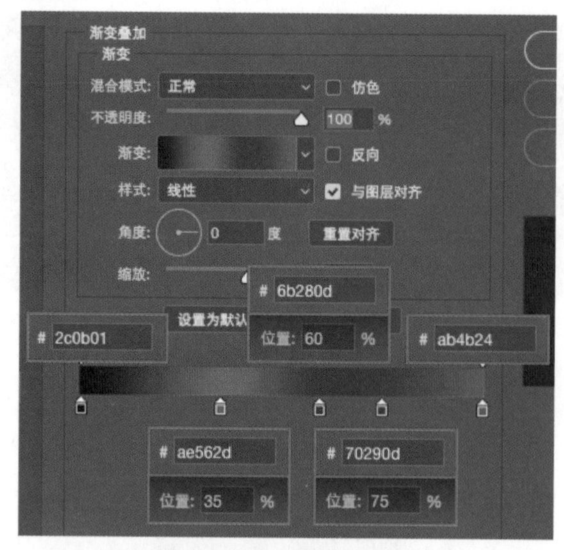

图 2-3-79　渐变叠加的设置

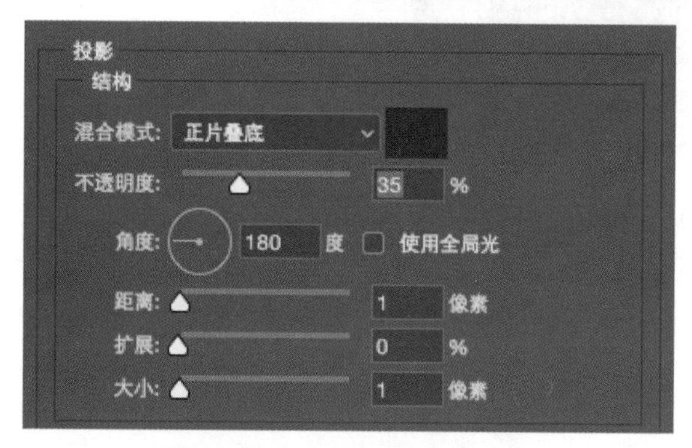

图 2-3-80　投影的设置

图 2-3-81　书脊效果

步骤 04：选择【矩形工具】，在画布中创建一个矩形，尺寸为 8 像素 × 310 像素，填充颜色值为 #611805。按住 Ctrl 键单击书脊图层的缩略图，选中矩形图层，在“图层”面板的最下方选择【图层蒙版】，如图 2-3-82 所示。为图层添加内阴影图层样式，具体参数的设置如图 2-3-83 所示。绘制的书槽效果如图 2-3-84 所示。

图 2-3-82　图层蒙版效果

图 2-3-83　内阴影的设置

图 2-3-84　书槽效果

步骤 05：选择【矩形工具】，在画布中创建一个矩形，尺寸为 140 像素×80 像素，填充颜色值为 #ffffff，效果如图 2-3-85 所示。在“图层”面板中将填充设为 10%。为图层添加描边、斜面和浮雕、内阴影图层样式。描边大小设为 6 像素，位置设为“内部”，混合模式设为“叠加”，颜色值为 #73767d，描边参数设置如图 2-3-86 所示。

图 2-3-85　矩形形状绘制

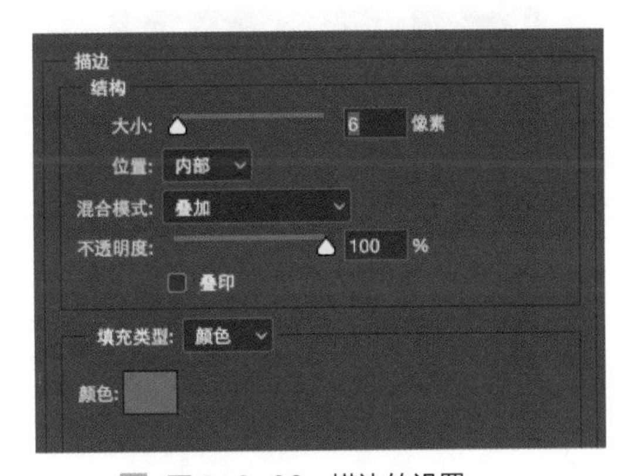

图 2-3-86　描边的设置

斜面和浮雕方向设为“下”，大小设为 1 像素，软化设为 2 像素，高光模式选择“滤色”，颜色值设为 #ffffff，不透明度设为 20%，阴影模式选择“正片叠底”，颜色值设为 #485162，不透明度设为 30%，如图 2-3-87 所示。内阴影不透明度设为 100%，距离设为 1 像素，大小设为 2 像素，如图 2-3-88 所示。绘制的书冠效果如图 2-3-89 所示。

选择【椭圆工具】，在画布中创建一个圆形，尺寸为 20 像素×20 像素，填充颜色值为 #656a77。选择【直接选择工具】，选中圆形右侧的锚点，按 Delete 键删除锚点，得到半圆形，如图 2-3-90 所示。

在“图层”面板的左上角将图层的【混合模式】设为“叠加”，为图层添加投影图层样式，颜色值为 #ffffff，混合模式选择“正常”，取消勾选“使用全局光”复选框，角度设为 0，距离设为 1 像素，大小设为 0 像素，参数设置如图 2-3-91 所示。最终效果如图 2-3-92 所示。

斜面和浮雕
结构
样式：内斜面
方法：平滑
深度：100 %
方向：上 下
大小：1 像素
软化：2 像素
阴影
角度：90 度
使用全局光
高度：30 度
光泽等高线：
消除锯齿
高光模式：滤色
不透明度：20 %
阴影模式：正片叠底
不透明度：30 %

图 2-3-87 斜面和浮雕参数设置

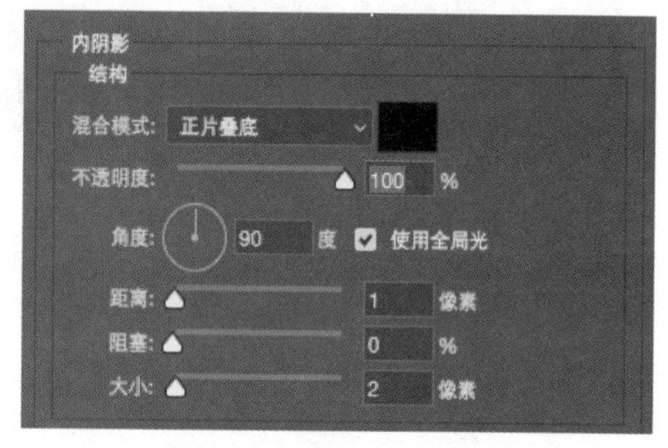

图 2-3-88 内阴影参数设置

图 2-3-89 书冠效果

图 2-3-90 绘制半圆形状

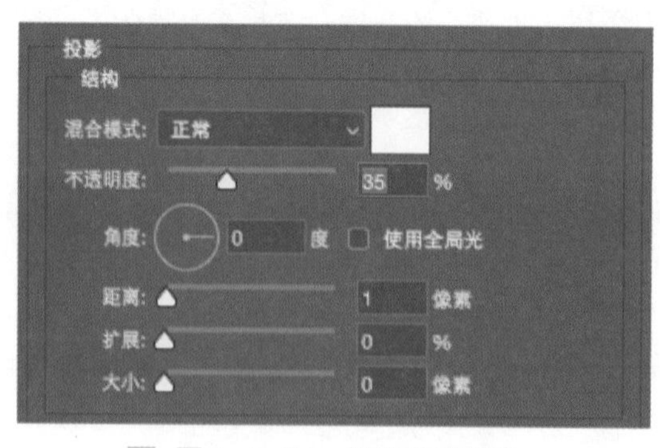

图 2-3-91 投影参数设置

图 2-3-92 最终效果

3. 拓展任务

（1）收集皮质图标素材，分类保存皮质图标（可用文件夹进行分类），这样做能提高审美和欣赏水平。

（2）临摹图 2-3-93 所示的皮质图标。

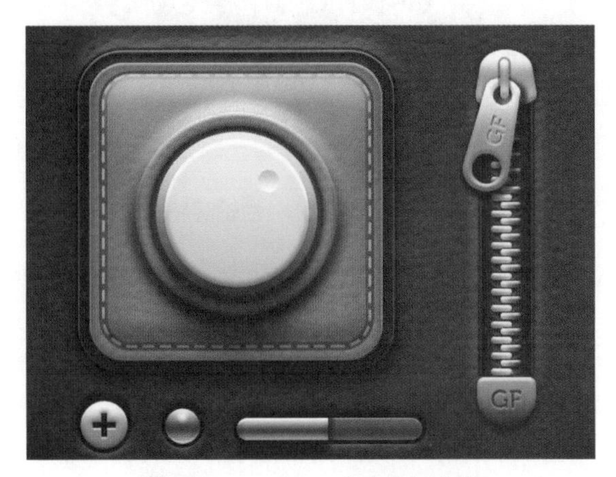

图 2-3-93 皮质图标临摹

（3）找出两张皮质的图标进行临摹，要求在 3 个小时内完成任务。

任务 4 金属质感图标设计

案例展示：

此任务要绘制的齿轮图标如图 2-3-94 所示。

图 2-3-94 齿轮图标

1. 设计要点

（1）设计思路：金属材质具有坚硬、棱角分明、有光泽等特点。观察后发现金属光泽是呈放射状的，并且是黑白灰相间的。工业生产的零件最能激发创作者的灵感，如法兰盘、齿轮等金属零件，如图 2-3-95 所示。

图 2-3-95　齿轮实物图

（2）表现技巧：金属光泽的质感及细节的表现，可以黑白灰角度渐变来表现图标的光泽。

（3）技能提炼：

① 使用椭圆工具、圆角矩形工具进行齿轮形状的绘制；

② 注意角度渐变的金属质感的表现和角度渐变的配色方法。

2. 操作步骤

步骤 01：选择【文件】→【新建】选项，新建一个 800 像素×600 像素、分辨率为 72 像素/英寸的画布，背景色填充为白色（#ffffff），选择【渐变工具】，设置渐变为径向渐变，渐变填充色为灰色（# 5d5d5d）到黑色（#000000），如图 2-3-96 所示。

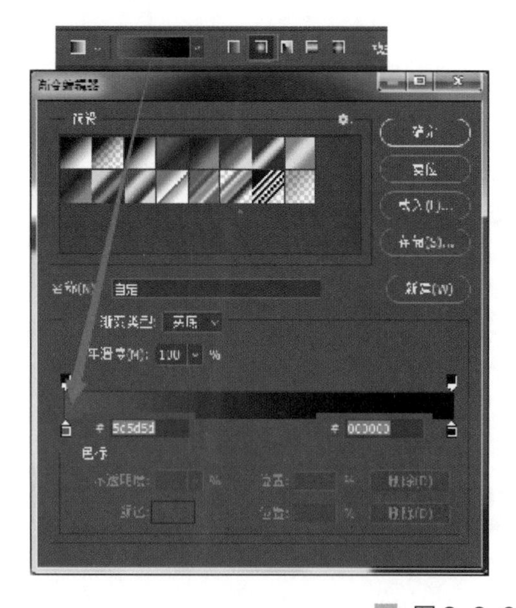

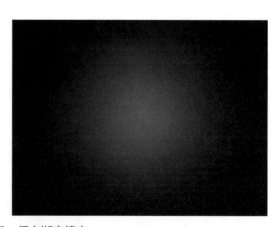

图 2-3-96　径向渐变填充

步骤 02：选择【椭圆工具】，在画布中创建一个椭圆，尺寸为 270 像素×270 像素，填充色为灰色（#a0a0a0），无描边，按 Shift 键单击画布继续创建椭圆，尺寸为 210 像素×210，选择【路径选择工具】，选中这两个椭圆，在属性栏中单击【路径对齐】下拉按钮，并水平居中和垂直居中对齐两个椭圆，如图 2-3-97 所示。

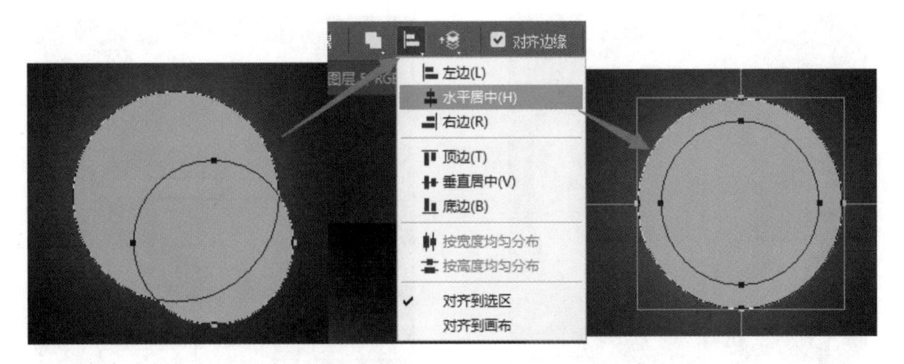

图 2-3-97　对齐椭圆

专家讲

这里也可以复制椭圆图层，在“属性”面板中调节椭圆大小为 210 像素 × 210 像素，中心对齐两个图层，再向下合并图层，同样可以实现上述效果。

步骤 03：选择【路径选择工具】，选中小椭圆，在属性栏中单击【路径操作】下拉按钮，在下拉列表中选择【减去顶层形状】选项，如图 2-3-98 所示。

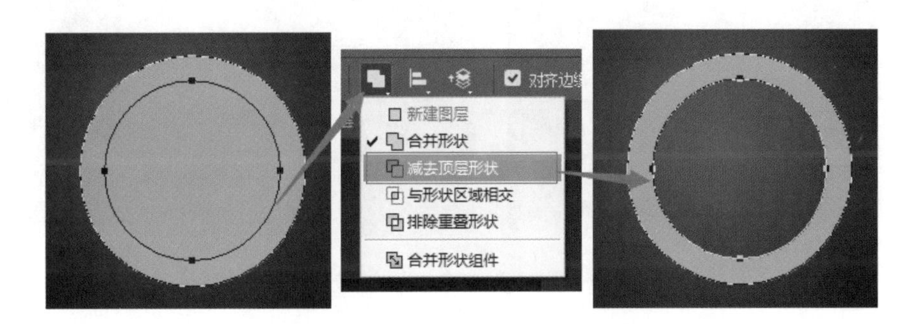

图 2-3-98　减去顶层形状

步骤 04：选择【椭圆工具】，按 Shift 键单击画布继续创建椭圆，尺寸为 130 像素 × 130 像素，无描边，中心对齐椭圆，如图 2-3-99 所示。

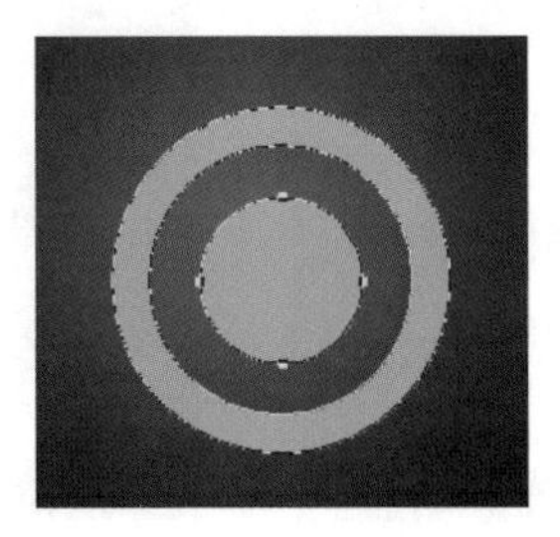

图 2-3-99　中心对齐椭圆

步骤 05：选择【矩形工具】，在画布中创建矩形，尺寸为 20 像素 × 130 像素，无描边，图层中心对齐，如图 2-3-100 所示。复制矩形图层，按组合键 Ctrl+T（即自由变换）旋转 90 度，如图 2-3-101 所示。

图 2-3-100　矩形中心对齐效果

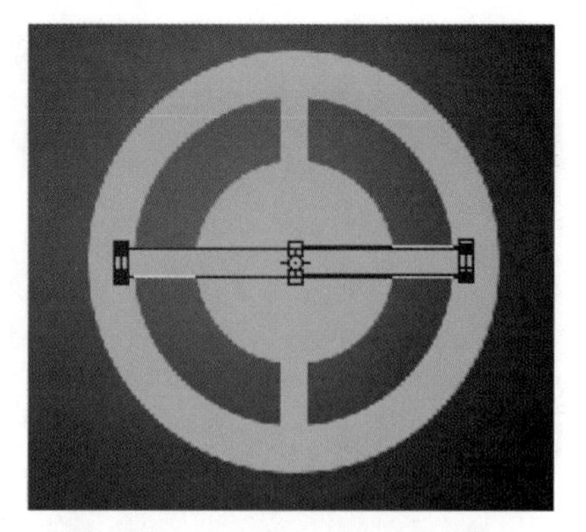

图 2-3-101　复制矩形图层

步骤 06：选择【圆角矩形工具】，制作齿轮齿，在画布中创建圆角矩形，尺寸为 40 像素×40 像素，圆角半径为 5 像素，无描边，选择【直接选择工具】，分别选中左下角的两个锚点并向左移动 4 像素，选中右下角的两个锚点并向右移动 4 像素，效果如图 2-3-102 所示。

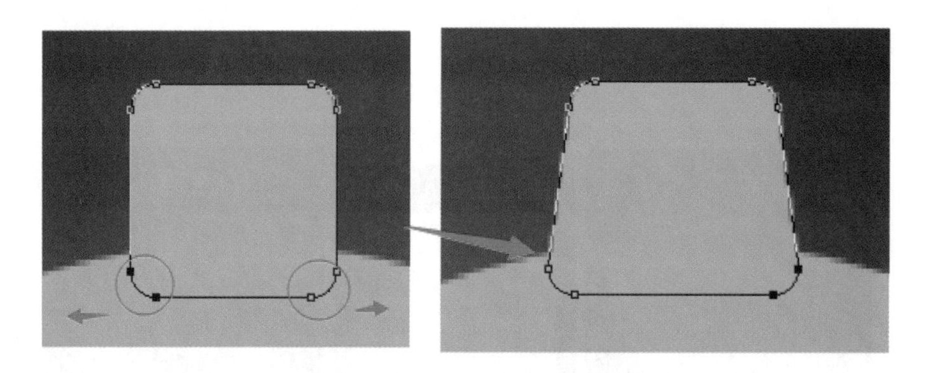

图 2-3-102　齿轮齿效果

步骤 07：选择【移动工具】，选中所有形状图层，水平居中对齐所有图层，效果如图 2-3-103 所示。

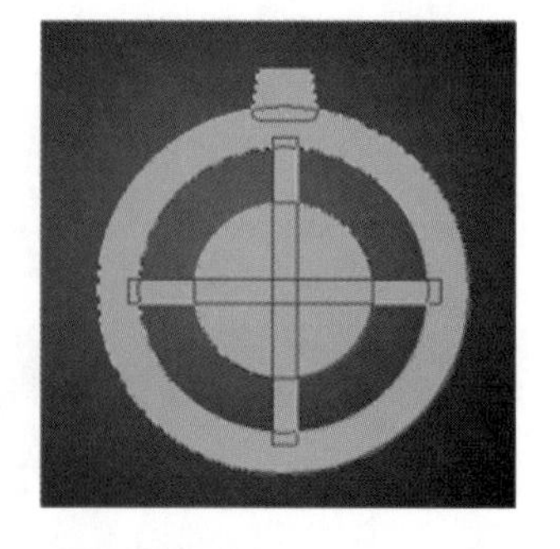

图 2-3-103　齿轮齿对齐效果

步骤 08：选中圆角矩形图层，按组合键 Ctrl+T，变换中心点位置到齿轮圆形的中心，旋转 30 度，按 Enter 键确认操作，按住组合键 Ctrl+Shift+Alt，然后连续按 T 键，直到出现如图 2-3-104 所示的效果。

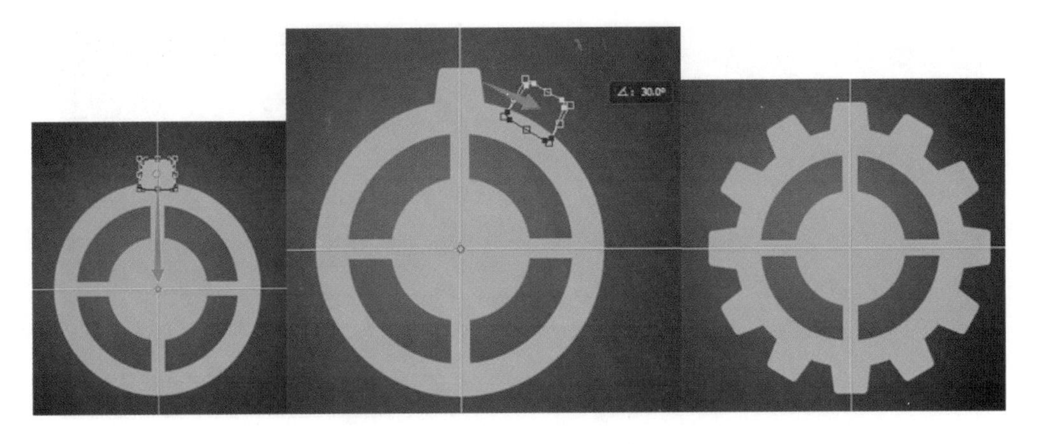

图 2-3-104　齿轮齿完成效果

步骤 09：按组合键 Ctrl+E 合并所有形状图层，如图 2-3-105 所示。

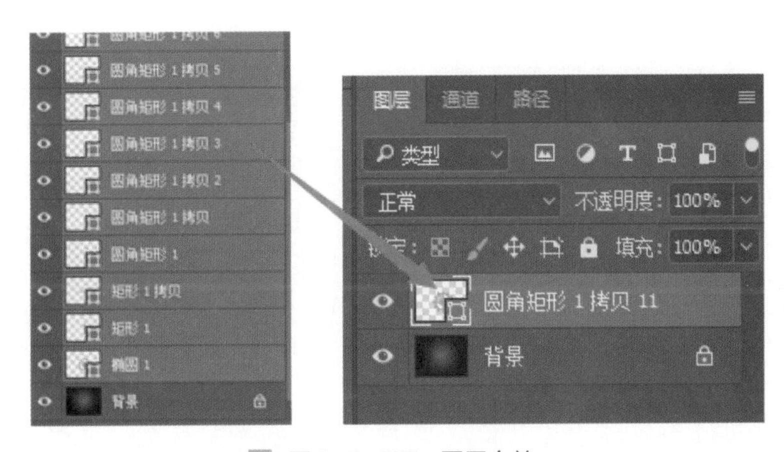

图 2-3-105　图层合并

步骤 10：为合并后的图层添加内阴影、内发光、渐变叠加、投影图层样式。齿轮内阴影图层样式参数设置和效果如图 2-3-106 所示。

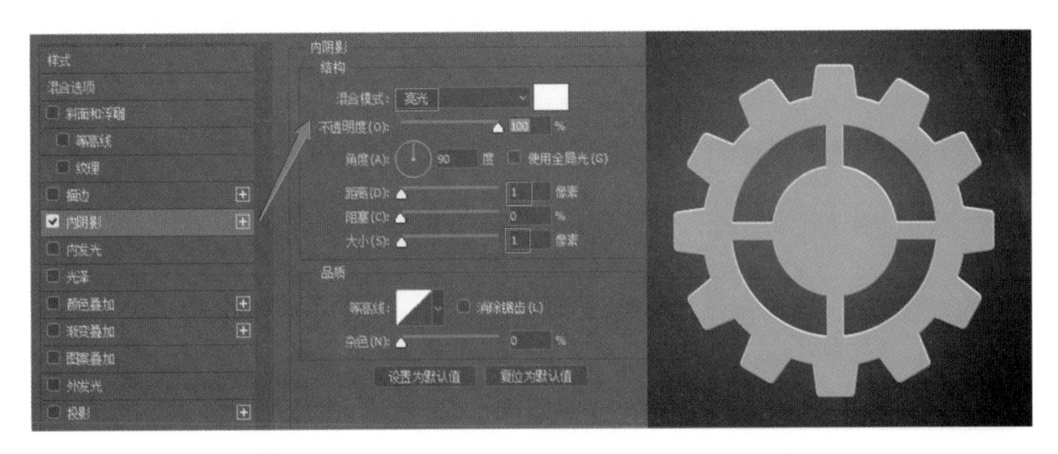

图 2-3-106　齿轮内阴影图层样式参数设置和效果

齿轮内发光图层样式参数设置和效果如图 2-3-107 所示。

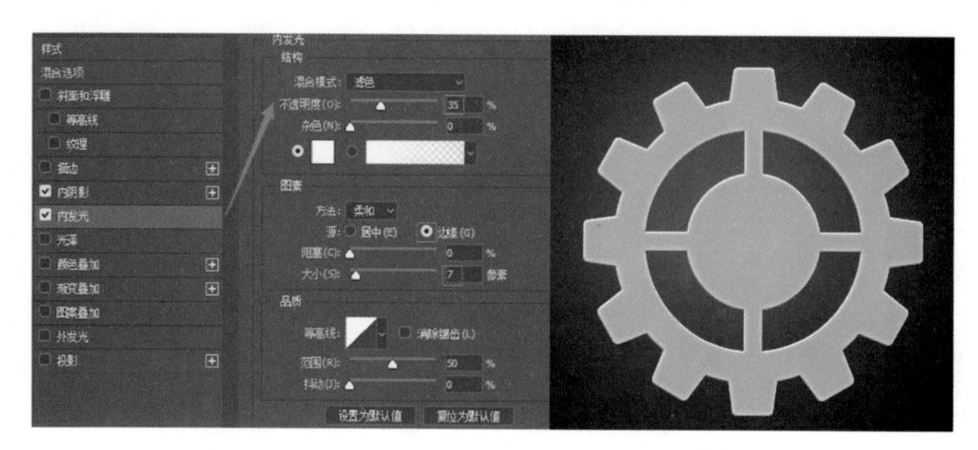

图 2-3-107　齿轮内发光图层样式参数设置和效果

齿轮渐变叠加图层样式参数设置如图 2-3-108 所示。齿轮完成后的效果如图 2-3-109 所示。

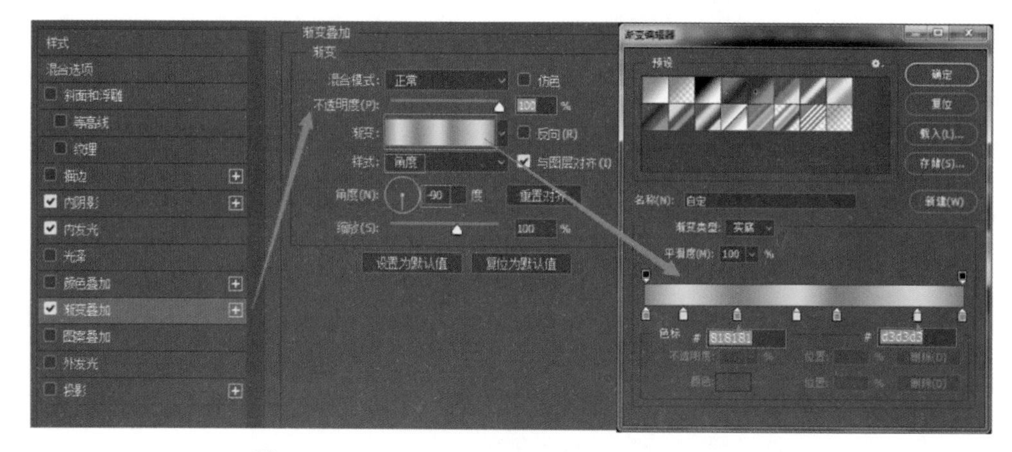

图 2-3-108　齿轮渐变叠加图层样式参数设置

角度渐变过渡平滑、衔接自然，两端的色彩必须一样，否则会有生硬的齐边，渐变对比效果如图 2-3-110 所示。

图 2-3-109　齿轮完成后的效果

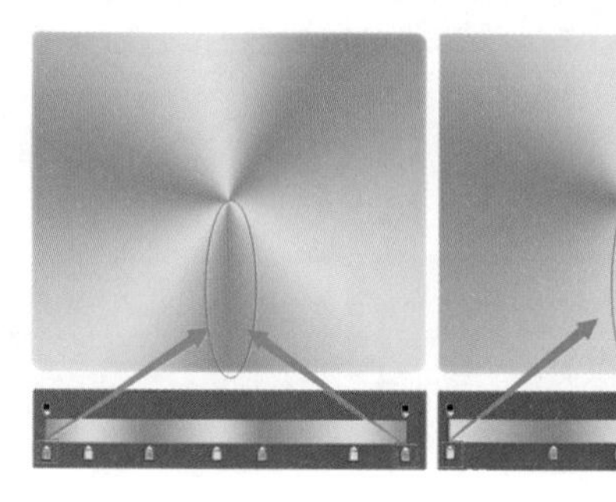

图 2-3-110　渐变对比效果

齿轮投影图层样式参数设置和效果如图 2-3-111 所示。

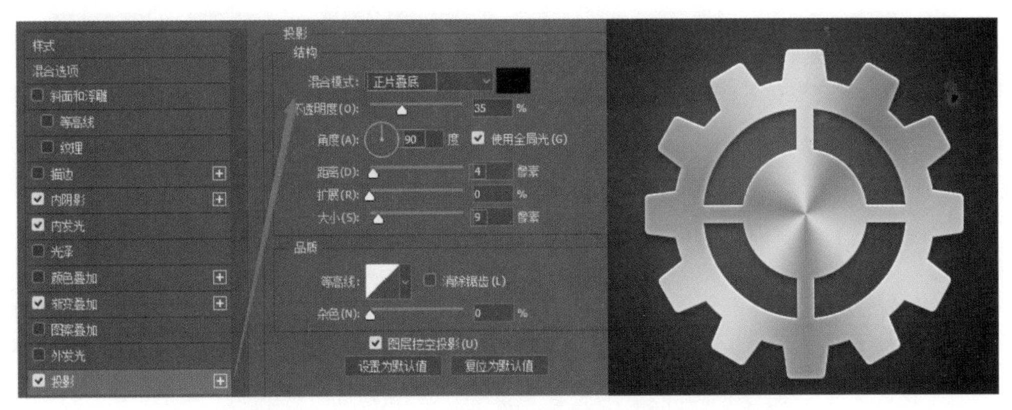

图 2-3-111　齿轮投影图层样式参数设置和效果

步骤 11：选择【椭圆工具】，在画布中创建一个椭圆，尺寸为 90 像素×90 像素，填充色为灰色（#a0a0a0），无描边，中心对齐图层，给椭圆添加内阴影、内发光、渐变叠加图层样式。齿轮内阴影图层样式参数设置和效果如图 2-3-112 所示。

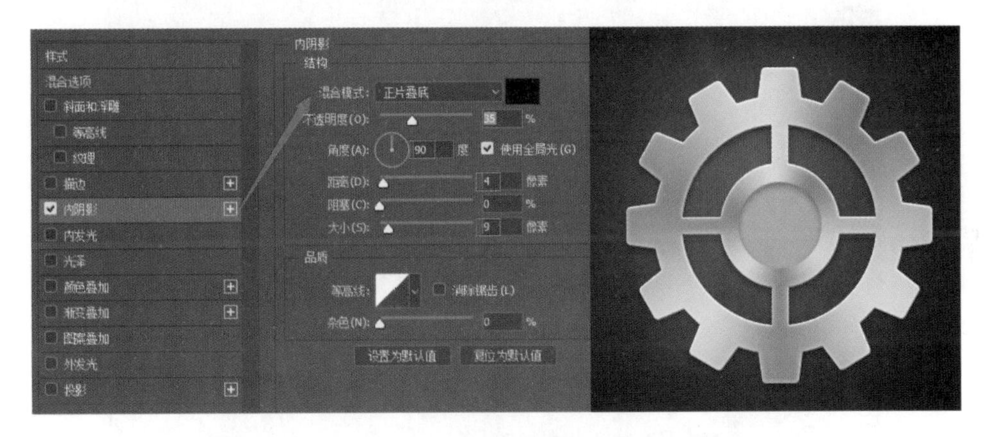

图 2-3-112　齿轮内阴影图层样式参数设置和效果

齿轮内发光图层样式参数设置和效果如图 2-3-113 所示。

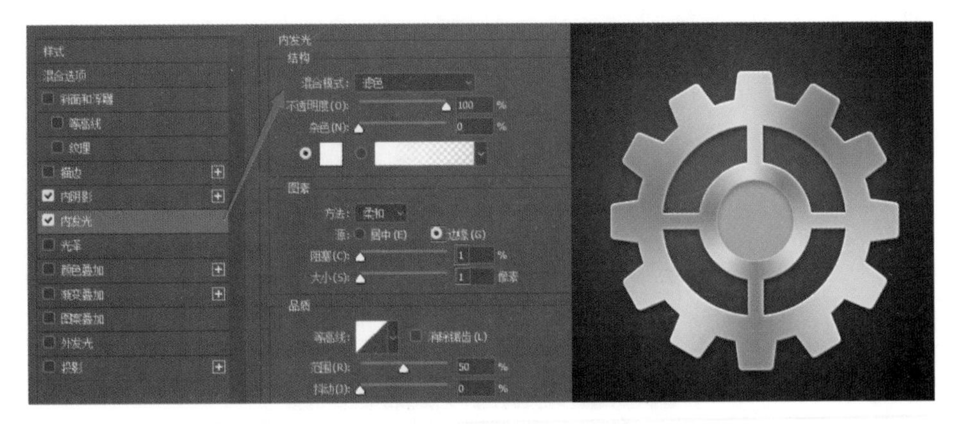

图 2-3-113　齿轮内发光图层样式参数设置和效果

渐变叠加图层样式参数设置和效果如图 2-3-114 所示。

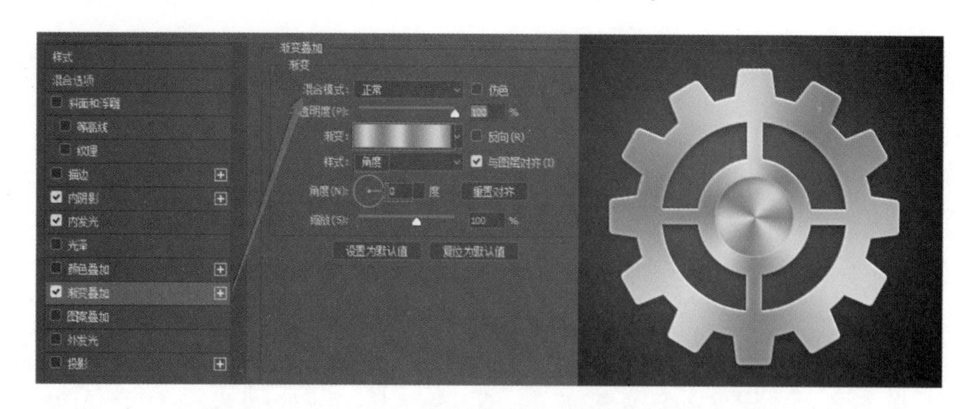

■ 图 2-3-114　齿轮渐变叠加图层样式参数设置和效果

步骤 12：选择【椭圆工具】，制作投影，在画布中创建一个椭圆，尺寸为 300 像素×30 像素，填充色为灰色（#1b1b1b），无描边，在“属性”面板中选中蒙版属性，设置羽化值为 9 像素，如图 2-3-115 所示。

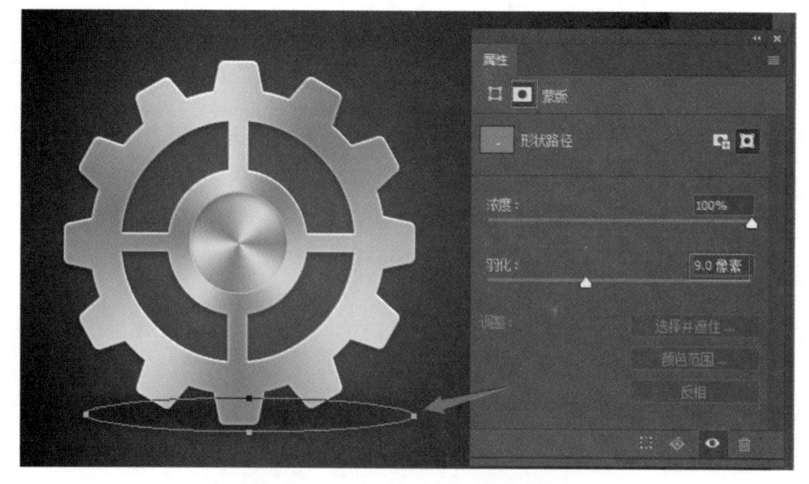

■ 图 2-3-115　齿轮属性设置

步骤 13：齿轮制作完成后的效果如图 2-3-116 所示。

■ 图 2-3-116　齿轮效果

3. 拓展任务

（1）收集金属质感图标素材，分类保存金属质感图标（可用文件夹进行分类）。
（2）临摹图 2-3-117 所示的金属质感图标。

图 2-3-117 金属质感图标临摹

（3）找出两张金属质感的图标进行临摹，要求在 3 个小时内完成任务。

任务 5 木质质感图标设计

案例展示：
此任务要绘制的木相册图标如图 2-3-118 所示。

图 2-3-118 木相册图标

1. 设计要点

（1）设计思路：老式木头抽屉用来装一些信件、照片等，除具有收纳功能之外，也有一种怀旧情怀，加上木头的质感，给人一种光滑、温暖的感觉。想到把照片放进抽屉的样子，如图 2-3-119 所示，再对其稍微做一些不整齐的变化来制作图标即可。

图 2-3-119　抽屉与相片

（2）表现技巧：木纹的质感，图案贴图细节的表现，木质盒子立体感的呈现。

（3）技能提炼：

① 剪贴蒙版技法的应用；

② 图案叠加图层样式的应用。

2. 操作步骤

步骤 01：选择【文件】→【新建】选项，新建一个 800 像素 ×600 像素、分辨率为 72 像素/英寸的画布，背景色填充为白色（#ffffff），选择【渐变工具】，设置渐变为径向渐变，渐变填充色为灰色（# 2d2d25）到黑色（#070604），径向渐变填充参数设置及效果如图 2-3-120 所示。

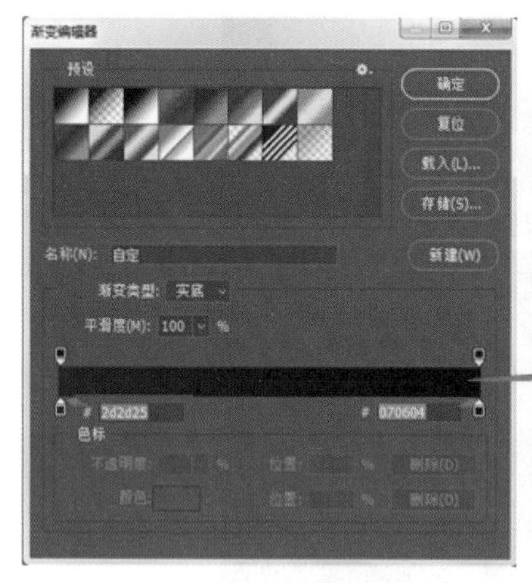

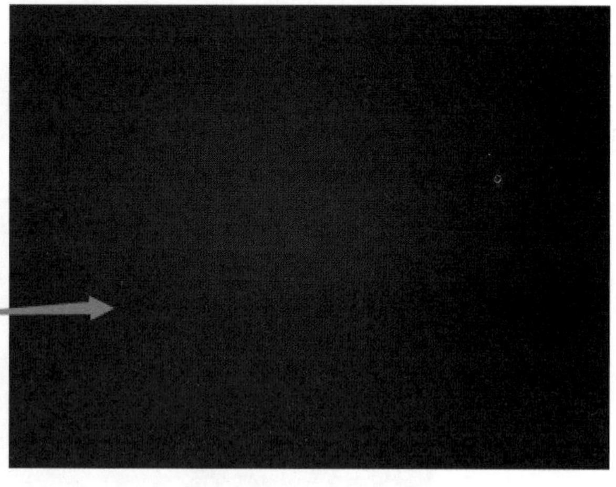

图 2-3-120　径向渐变填充参数设置及效果

步骤 02：选择【圆角矩形工具】，在画布中创建一个圆角矩形，尺寸为 310 像素 ×322 像素，圆角半径为 50 像素，填充色为黑色（#000000），无描边，为图层添加斜面和浮雕图层样式，参数设置和效果如图 2-3-121 所示。

为图层添加投影图层样式，参数设置和效果如图 2-3-122 所示。

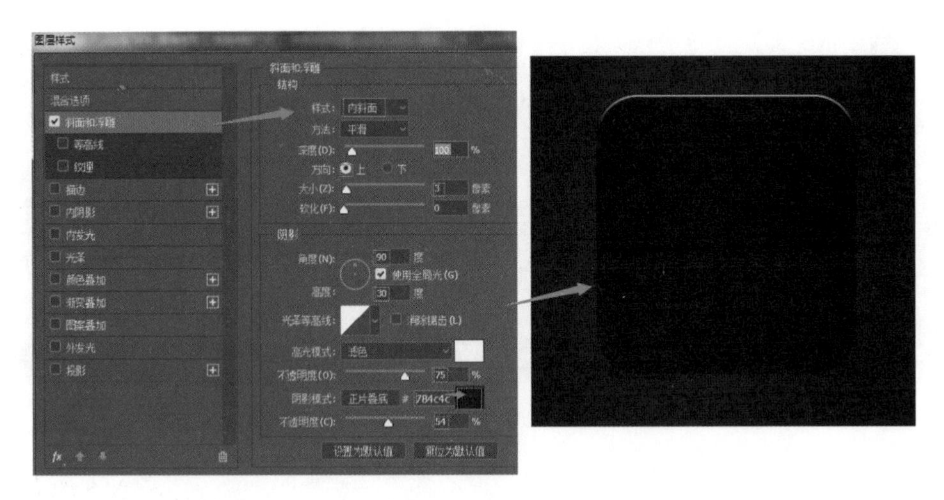

图 2-3-121　斜面和浮雕图层样式参数设置和效果

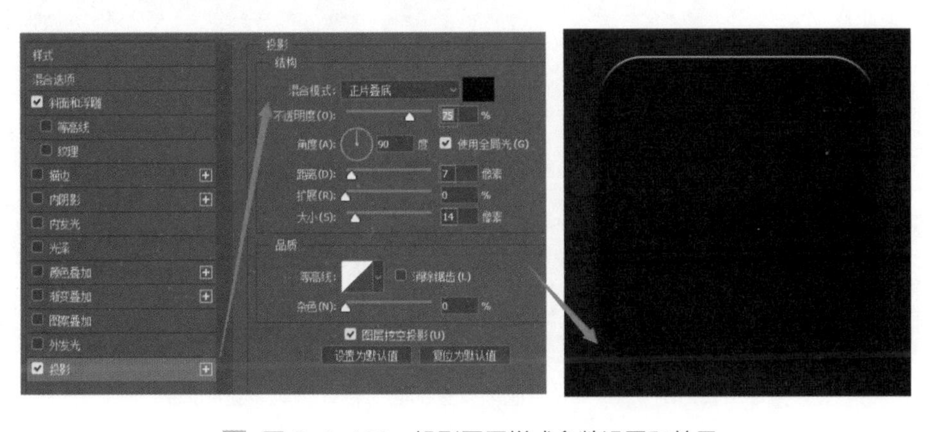

图 2-3-122　投影图层样式参数设置和效果

专家讲

定义图案，打开一张准备好的木纹图片，选择【编辑】→【定义图案】选项，修改名称为“横木纹”，单击“确定”按钮。将这张木纹图片旋转 90 度后再定义一张图案，并修改名称为“竖木纹”，如图 2-3-123 所示。

图 2-3-123　横、竖木纹图案

为竖木纹图案添加图案叠加图层样式，参数设置和效果如图 2-3-124 所示。

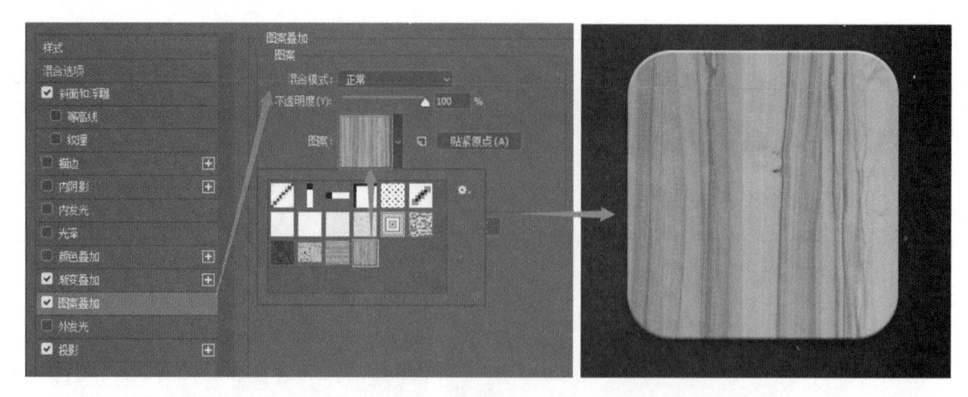

图 2-3-124　竖木纹图案叠加图层样式参数设置和效果

为竖木纹图案添加渐变叠加图层样式，参数设置和效果如图 2-3-125 所示。

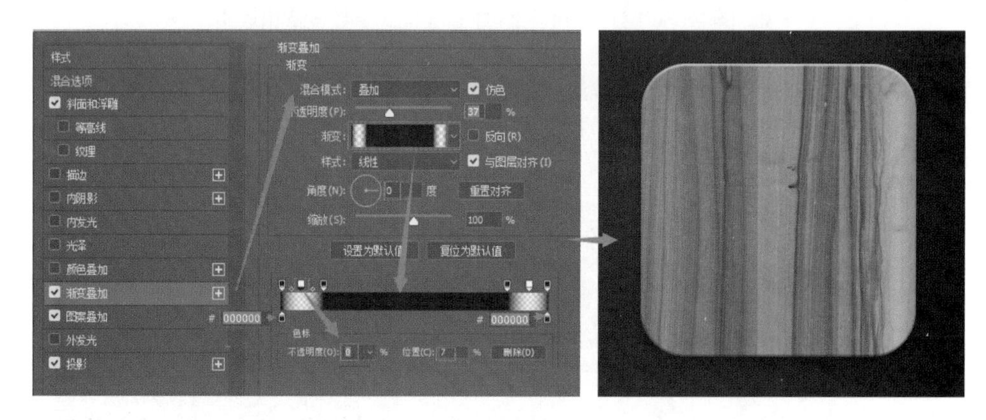

图 2-3-125　竖木纹渐变叠加图层样式参数设置和效果

步骤 03：选择【圆角矩形工具】，制作横切面，在画布中创建一个圆角矩形，尺寸为 310 像素×262 像素，圆角半径为 50 像素，填充色为黑色（#000000），无描边，顶对齐圆角矩形，为图层添加描边样式，参数设置和效果如图 2-3-126 所示。

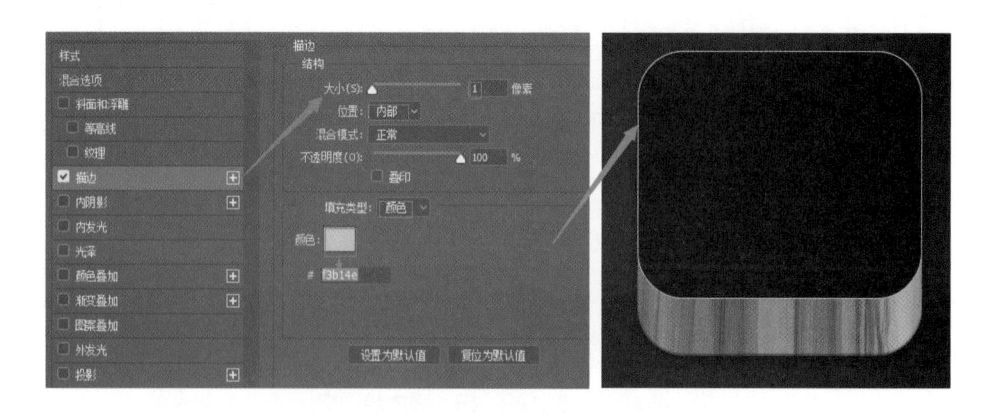

图 2-3-126　描边图层样式参数设置和效果

为横木纹图层添加图案叠加样式，参数设置和效果如图 2-3-127 所示。

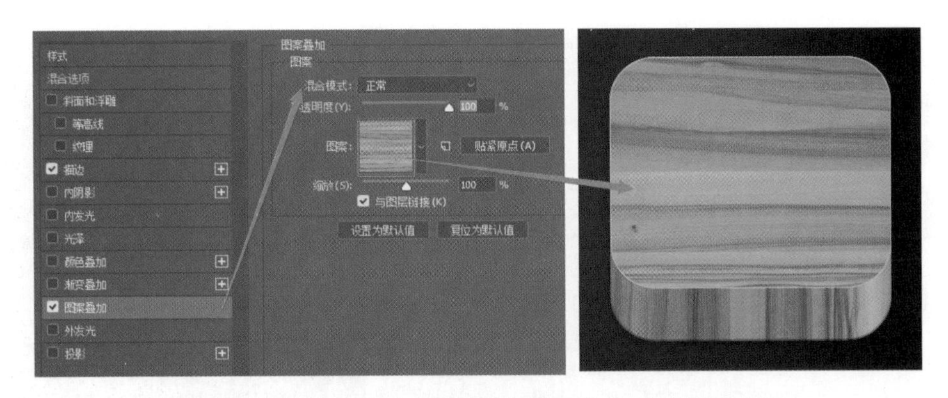

图 2-3-127　横木纹图案叠加图层样式参数设置和效果

为横木纹添加投影样式，参数设置和效果如图 2-3-128 所示。

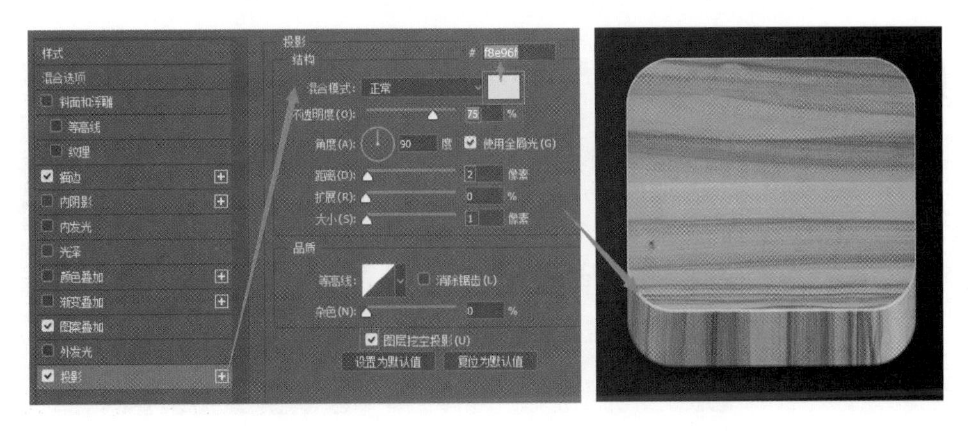

图 2-3-128　横木纹投影图层样式参数设置和效果

步骤 04：选择【圆角矩形工具】，制作内里面，在画布中创建一个圆角矩形，尺寸为 276 像素×232 像素，圆角半径为 50 像素，填充色为黑色（#000000），无描边，居中对齐横切面图层，为图层添加描边样式，参数设置和效果如图 2-3-129 所示。

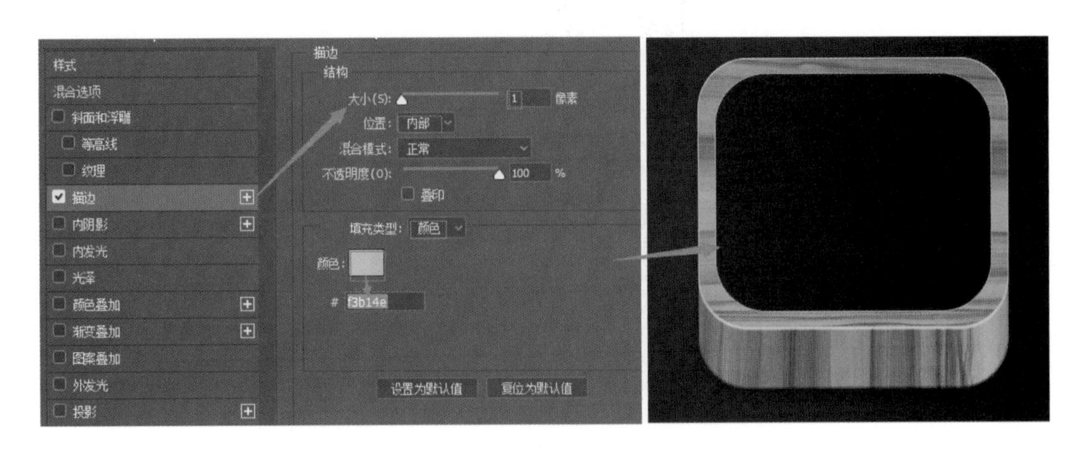

图 2-3-129　内里面描边图层样式参数设置和效果

为图层添加图案叠加样式，参数设置和效果如图 2-3-130 所示。

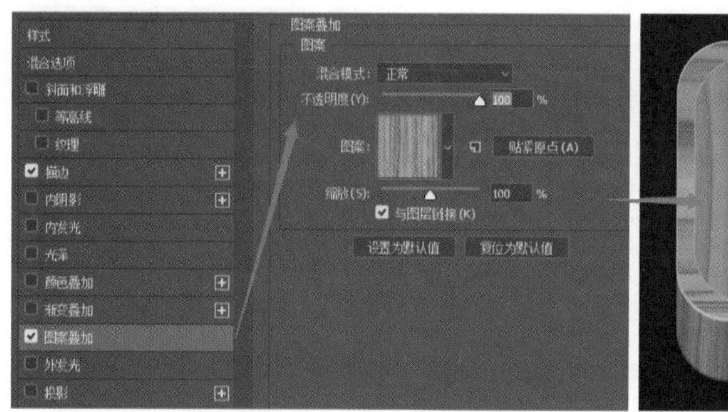

图 2-3-130　内里面图案叠加图层样式参数设置和效果

为图层添加渐变叠加样式，参数设置和效果如图 2-3-131 所示。

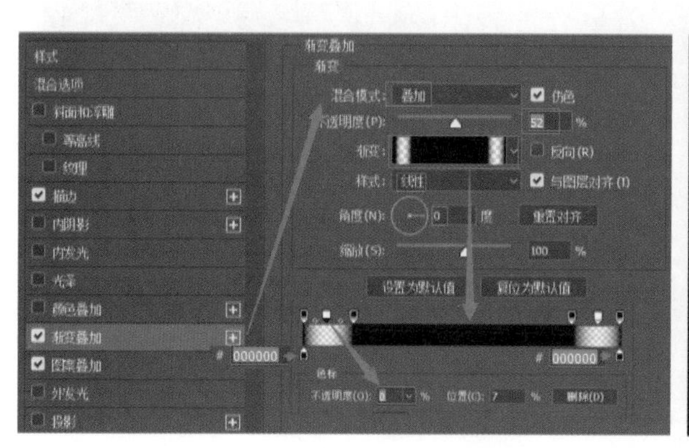

图 2-3-131　内里面渐变叠加图层样式参数设置和效果

步骤 05：选择【圆角矩形工具】，制作盒底，在画布中创建一个圆角矩形，尺寸为 276 像素×182 像素，圆角半径为 50 像素，填充色为# 220606，无描边，与内里面图层底边对齐，盒底效果如图 2-3-132 所示。

图 2-3-132　盒底效果

步骤 06：选择【矩形工具】，制作照片底，在画布中创建一个矩形，尺寸为 164 像素

×194 像素，填充色为白色（#ffffff），无描边，添加投影图层样式，参数设置和效果如图 2-3-133 所示。

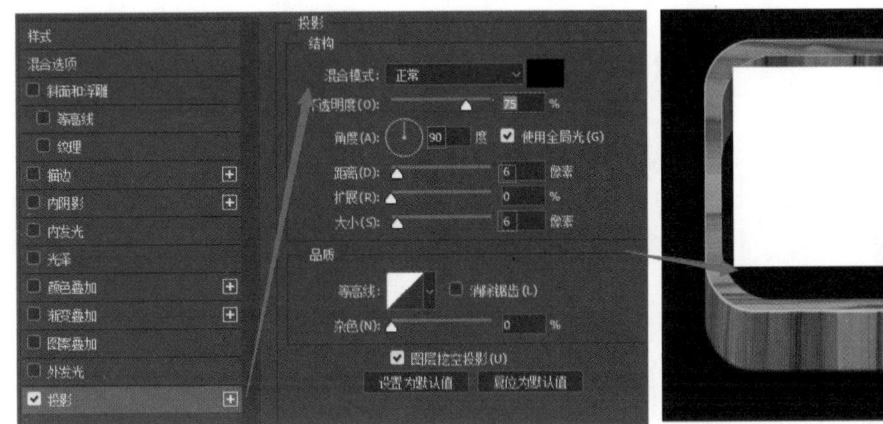

图 2-3-133　投影图层样式参数设置和效果

步骤 07：选择【矩形工具】，制作照片图案区域，在画布中创建一个矩形，尺寸为 146 像素×146 像素，填充色为灰色（#aaaaaa），无描边，如图 2-3-134 所示。导入准备好的风景图片，调整图片大小为 150 像素×150 像素，选择【图层】→【创建剪贴蒙版】选项，效果如图 2-3-135 所示。

图 2-3-134　照片图案区域

图 2-3-135　照片剪贴蒙版效果

同时选中照片的 3 个图层并按组合键 Ctrl+T 执行自由变换操作，旋转倾斜一定的角度，其他 3 张照片使用同样的制作方法，效果如图 2-3-136 所示。

步骤 08：将照片图层打包编组，选中所有照片图层并单击图层下面的【创建新组】按钮，如图 2-3-137 所示。

图 2-3-136　照片摆放效果

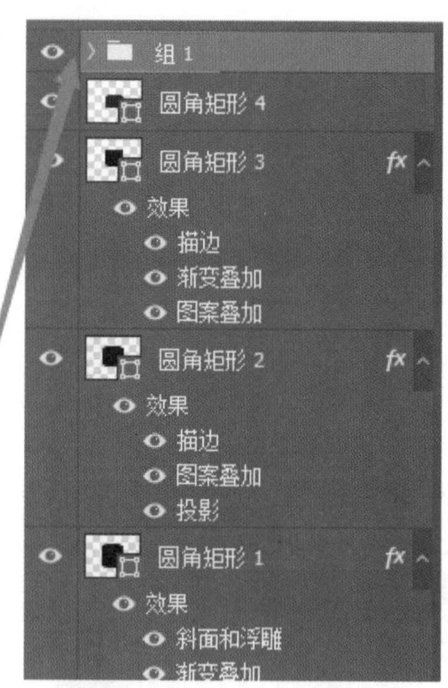

图 2-3-137　图层编组

步骤 09：制作照片下部蒙版，选中盒底图层，按组合键 Ctrl+Enter 建立选区，选择【矩形选框工具】，按住 Shift 键配合鼠标操作继续添加选区，选区样式如图 2-3-138 所示，将前景色设置为黑色、背景色设置为白色，选中照片组图层，单击“图层”面板下方的【添加图层蒙版】按钮，图层蒙版效果如图 2-3-139 所示，相关设置如图 2-3-140 所示。

添加蒙版时，还可以用画笔直接绘制出想要的蒙版形状。关于蒙版颜色的技巧是“黑色透明，白色不透明，灰色半透明”。

图 2-3-138　选区样式

图 2-3-139　图层蒙版效果

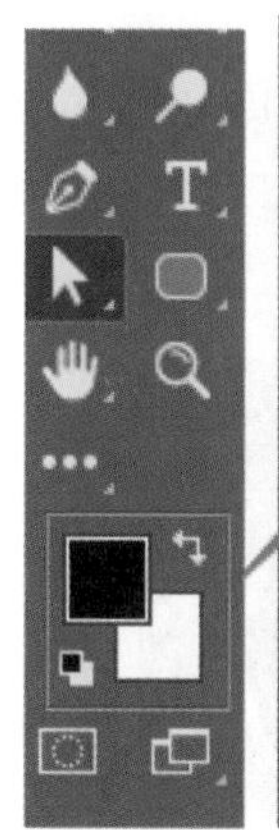

图 2-3-140　相册相关设置

3. 拓展任务

（1）收集木质质感图标素材，分类保存木质感图标（可用文件夹进行分类）。

（2）临摹图 2-3-141 所示的木质质感图标。

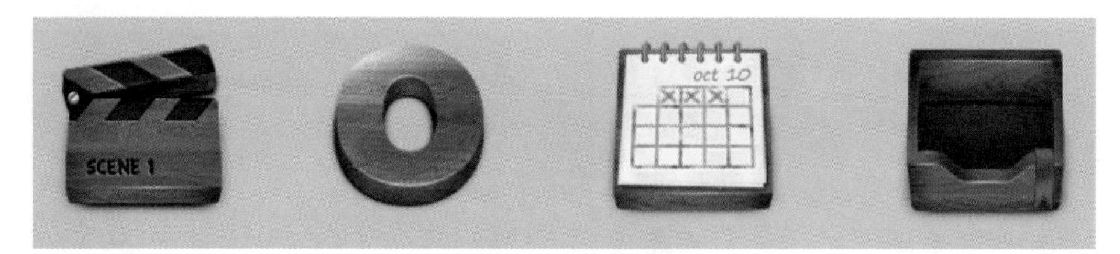

图 2-3-141　木质质感图标临摹

（3）找出两张木质质感的图标进行临摹，要求在 3 个小时内完成任务。

任务 6　玻璃质感图标设计

案例展示：
此任务要绘制的玻璃质感图标如图 2-3-142 所示。

图 2-3-142　玻璃质感图标

1. 设计要点

（1）设计思路：玻璃给人一种晶莹剔透、光滑的感觉，眼镜镜片的透明度和高亮度的反光是玻璃质感的特征。电脑机箱电源按钮激发了创作者的灵感，用这些玻璃质感特征可绘制一个玻璃质感的电源图标，如图 2-3-143 所示。

图 2-3-143　玻璃与电源按钮

（2）表现技巧：玻璃的质感，透明、反光、折射的表现，在图标外面罩上玻璃，表现玻璃的透明质感。

（3）技能提炼：

① 图层蒙版技法的应用；

② 高光绘制技法的应用；

③ 反光绘制技法的应用；

④ 图层样式的应用。

2. 操作步骤

步骤 01：选择【文件】→【新建】选项，新建一个 800 像素 ×600 像素、分辨率为 72 像素/英寸的画布，背景色填充为白色（#ffffff），选择【渐变工具】，设置渐变为径向渐变，渐变填充色为灰色（#333333）到黑色（#000000），插入一张金属质感的背景图片，设置图层混合模式为叠加，如图 2-3-144 所示。

图 2-3-144 金属质感背景

步骤 02：选择【椭圆工具】，在画布中创建一个椭圆，尺寸为 300 像素 ×300 像素，填充色为无，描边为线性渐变填充，描边宽度为 2 像素，线性渐变描边参数设置和效果如图 2-3-145 所示。

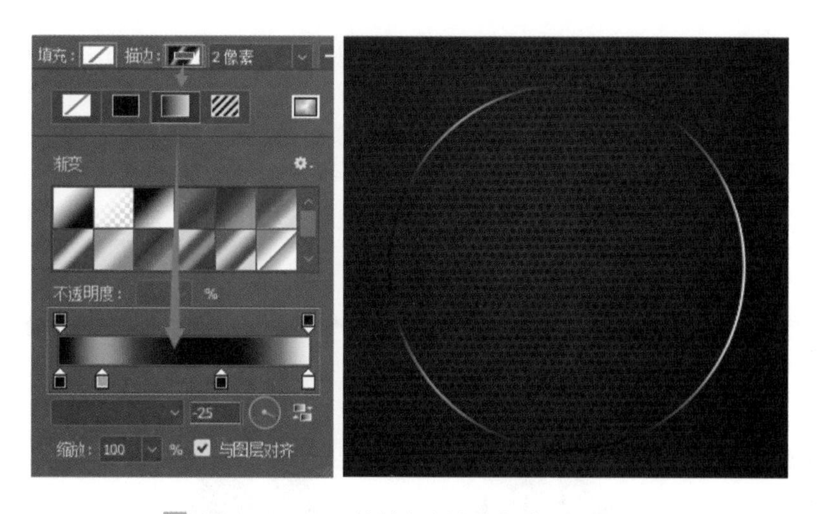

图 2-3-145 线性渐变描边参数设置和效果

步骤 03：选择【椭圆工具】，在画布中创建一个椭圆，尺寸为 296 像素 ×296 像素，填充色为黑色（#000000），描边为无，中心对齐图层，添加内发光图层样式，参数设置和效果如图 2-3-146 所示。

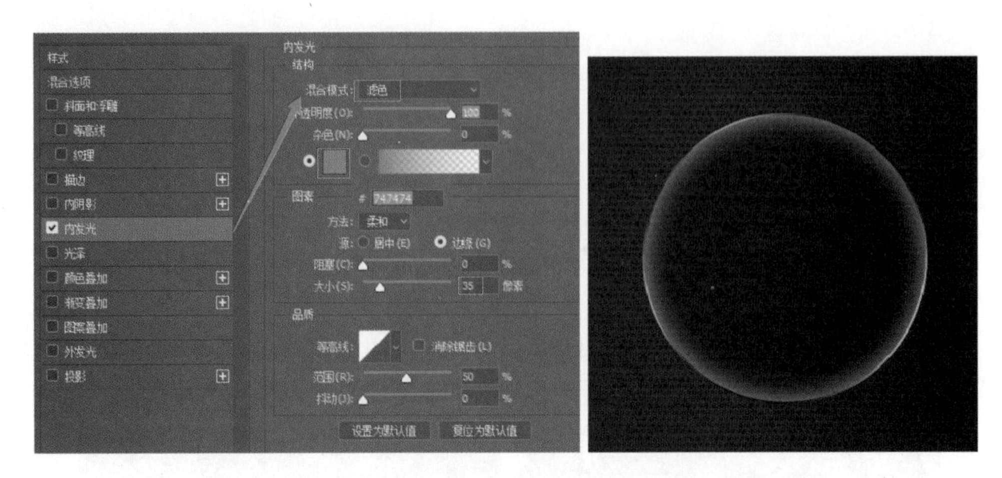

图 2-3-146　玻璃质感内发光图层样式参数设置和效果

步骤 04：选择【椭圆工具】，绘制电源底板，在画布中创建一个椭圆，尺寸为 208 像素×208 像素，填充色为黑色（#000000），描边为无，中心对齐图层，如图 2-3-147 所示。

图 2-3-147　电源底板效果

步骤 05：电源图标上部高反光的制作，选择【椭圆工具】，在画布中创建一个椭圆，尺寸为 284 像素×284 像素，填充色为白色（#ffffff），描边为无，中心对齐图层，再选择【矩形工具】，创建一个矩形，尺寸为 380 像素×160 像素，填充色为白色（#ffffff），描边为无，继续选择【添加锚点工具】，在矩形下方 1/3 和 2/3 处添加锚点，选择【直接选择工具】，使一个锚点向下移动 20 像素，使另一个锚点向上移动 20 像素，如图 2-3-148 所示。

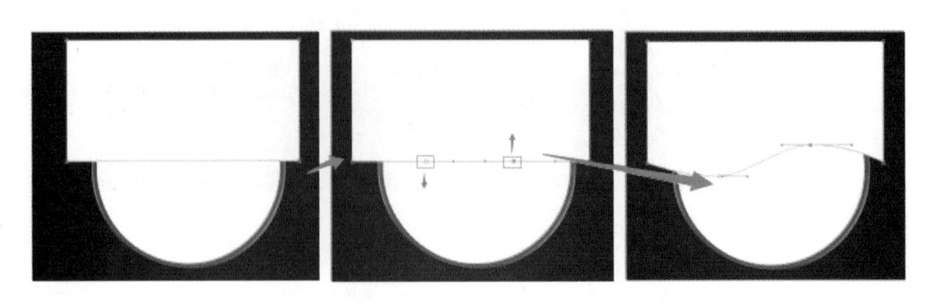

图 2-3-148　移动锚点变形效果

同时选中椭圆路径和矩形路径图层，按组合键 Ctrl+E 合并图层，选择【路径选择工具】，选中椭圆路径和矩形路径，在属性栏中单击【路径操作】下拉按钮，在下拉列表中选择【与形状区域相交】选项，并选择【合并形状组件】选项，效果如图 2-3-149 所示。

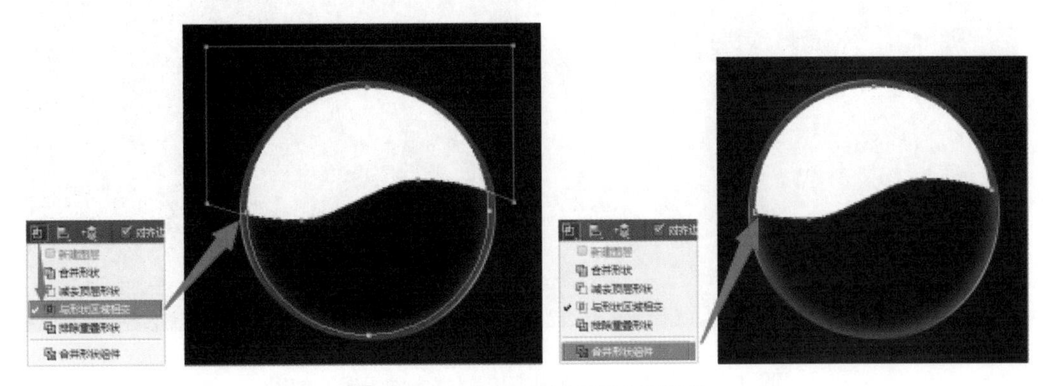

图 2-3-149　高反光形状效果

将图层不透明度设为 20%，单击【添加图层蒙版】按钮，将前景色设置为黑色（#000000）、背景色设置为白色（#ffffff），选择【画笔工具】，将画笔大小设为 200 像素，画笔硬度设为 0%，画笔不透明度设为 27%，绘制效果如图 2-3-150 所示。

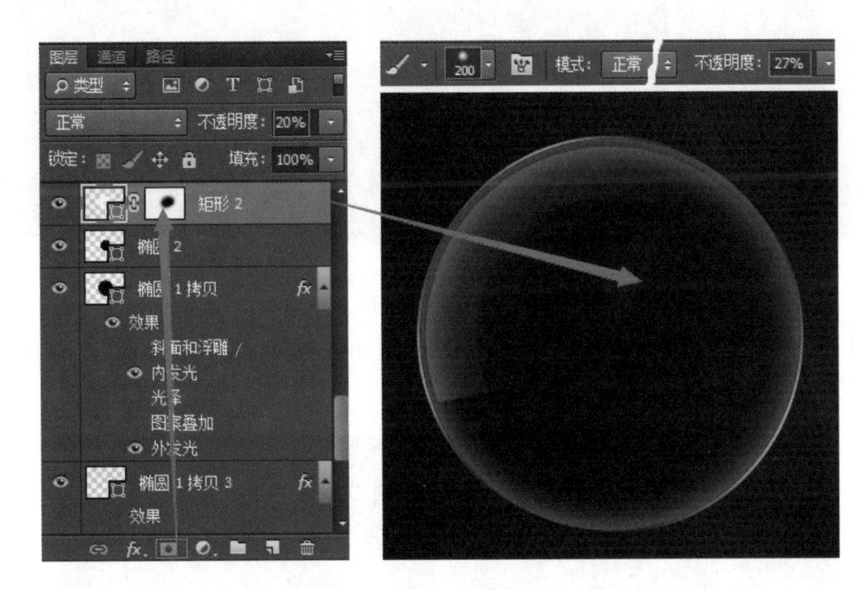

图 2-3-150　玻璃高反光效果

步骤 06：选择【椭圆工具】，在画布中创建一个椭圆，尺寸为 210 像素×210 像素，填充色为蓝色（#00a0e9），描边为无，设置图层混合模式为正片叠底，将图层不透明度设置为 80%，中心对齐图层，添加外发光图层样式，参数设置和效果如图 2-3-151 所示。

步骤 07：选择【椭圆工具】，在画布中创建一个椭圆，尺寸为 90 像素×90 像素，填充色为无，描边为蓝色（#00a0e9），描边的对齐类型为居中，描边的线段端点为圆头，选择【添加锚点工具】，添加两个锚点，如图 2-3-152 所示。

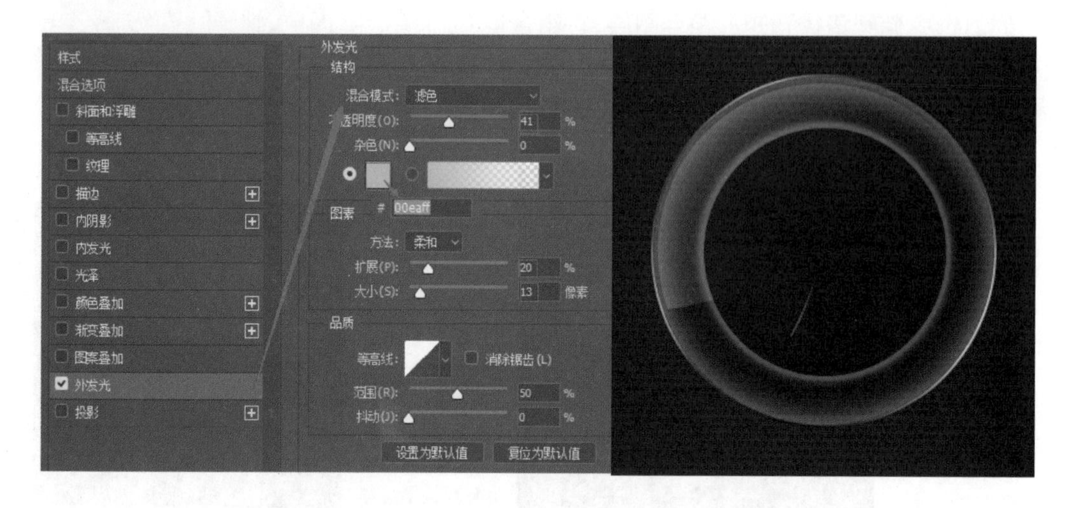

图 2-3-151　外发光图层样式参数设置和效果

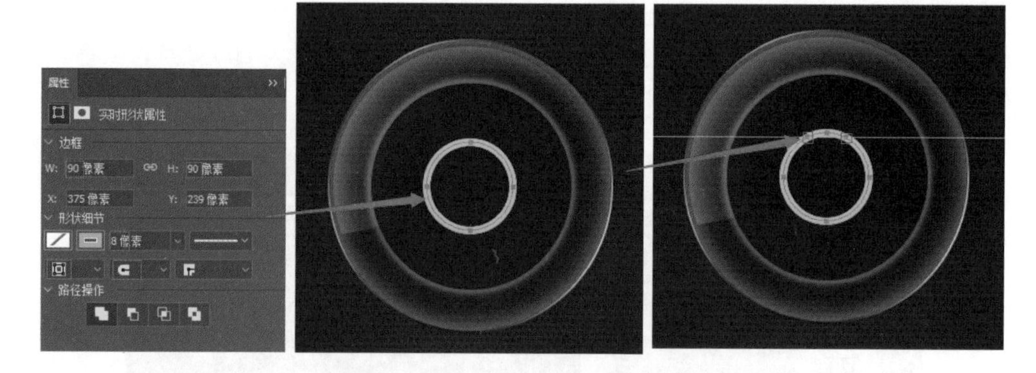

图 2-3-152　添加锚点后的效果

选择【直接选择工具】，选中图形中最上方中间的锚点，直接按 Delete 键删除锚点，效果如图 2-3-153 所示。

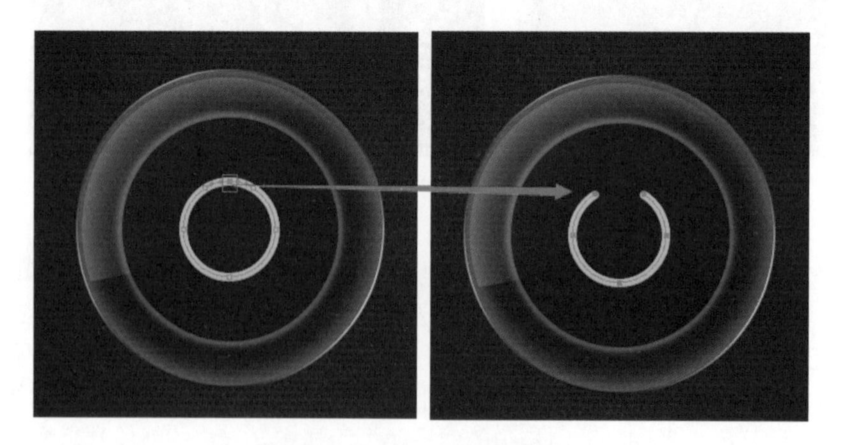

图 2-3-153　删除锚点效果

为图层添加外发光图层样式，参数设置和效果如图 2-3-154 所示。

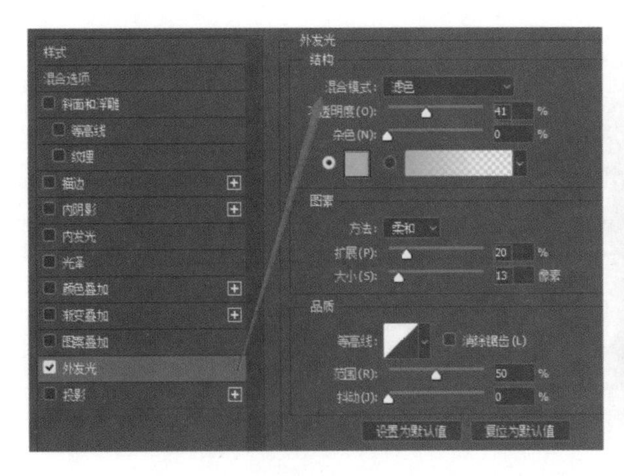

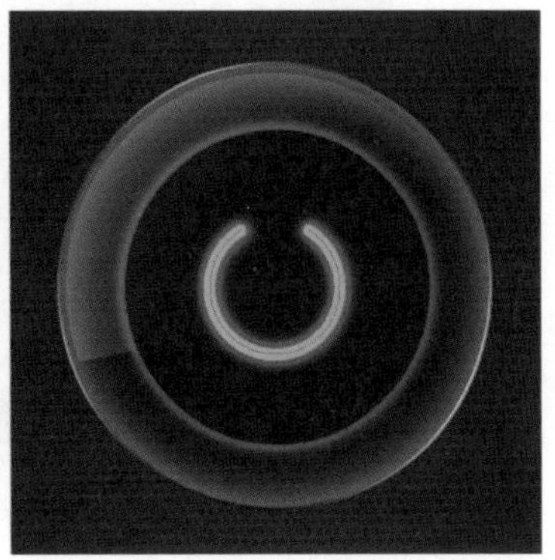

图 2-3-154　外发光图层样式参数设置和效果

选择【钢笔工具】，绘制垂直线段长 84 像素，描边参数和外发光图层样式的参数设置同上，效果如图 2-3-155 所示。

图 2-3-155　竖线绘制效果

步骤 08：选择【椭圆工具】，在画布中创建一个椭圆，尺寸为 200 像素×200 像素，填充色为白色（#ffffff），描边为无，按组合键 Ctrl+J 复制图层，同时选中这两个图层，按组合键 Ctrl+E 合并图层，选择【路径选择工具】，选中顶层椭圆路径，向右水平移动 30 像素，在属性栏中单击【路径操作】下拉按钮，在下拉列表中选择【减去顶层形状】选项，并选择【合并形状组件】选项，效果如图 2-3-156 所示。

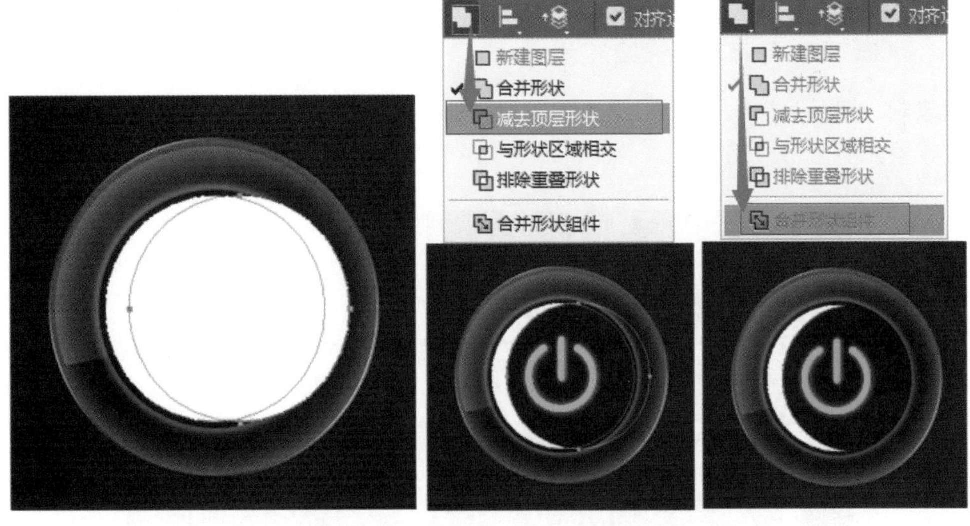

图 2-3-156　减去顶层形状效果

选择【矩形工具】，在画布中创建一个矩形，尺寸为 50 像素×10 像素，填充色为白色（#ffffff），描边为无，分别进行合并图层、减去顶层形状、合并形状等操作，效果如图 2-3-157 所示。

图 2-3-157　反光形状效果

将图层不透明度设为 20%，单击【添加图层蒙版】按钮，将前景色设置为黑色（#000000）、背景色设置为白色（#ffffff），选择【画笔工具】，将画笔大小设为 50 像素，画笔硬度设为 0%，画笔不透明度设为 27%，绘制的效果如图 2-3-158 所示。按组合键 Ctrl+T 将图层旋转 30 度，反光旋转效果如图 2-3-159 所示。

图 2-3-158　反光制作

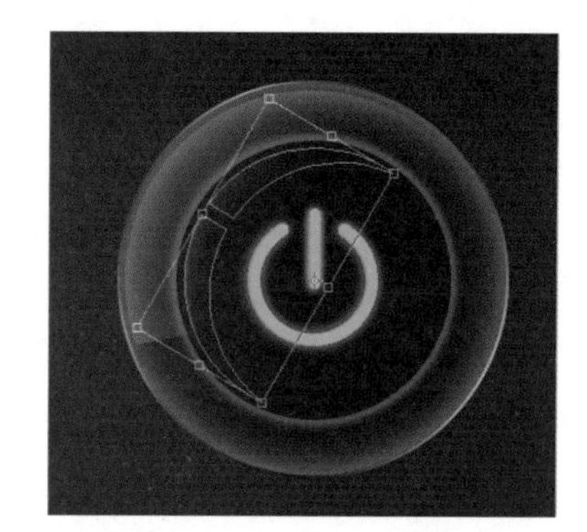

图 2-3-159　反光旋转效果

再复制一层，并按组合键 Ctrl+T 将图层旋转 180 度，将图层的不透明度设为 10%，玻璃反光效果如图 2-3-160 所示。

图 2-3-160　玻璃反光效果

步骤 09：制作高光反光。选择【椭圆工具】，在画布中创建一个椭圆，尺寸为 6 像素 ×20 像素，填充色为白色（#ffffff），描边为无，在“属性”面板中设置蒙版属性的羽化值为 3 像素，图层不透明度设为 60%，如图 2-3-161 所示。

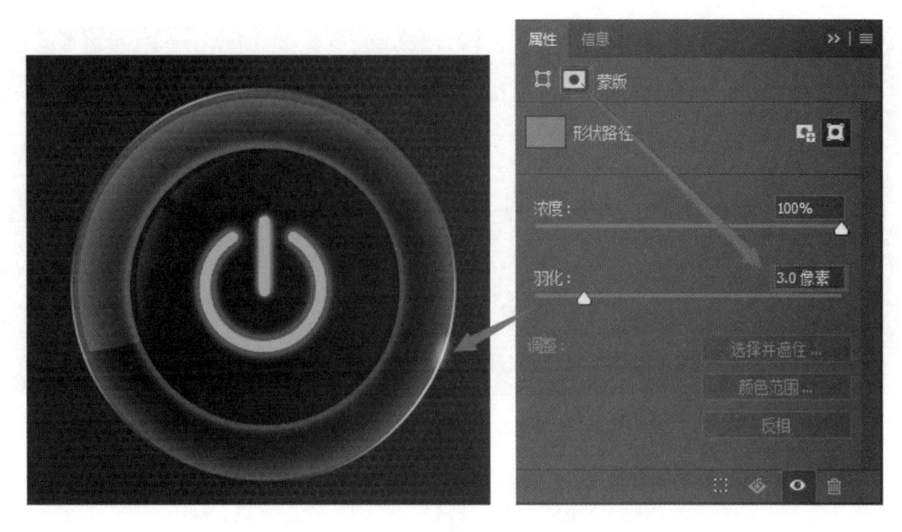

图 2-3-161　玻璃质感高光反光设置

专家讲

自由变换旋转的中心需要调整为整体电源键的中心。在实际工作中也可以通过旋转来完成，放置到自己想要的位置即可，没有硬性要求。设计是根据自己的感觉来的，要多看多练，以提高艺术审美和创作水平。

复制图层，按组合键 Ctrl+T 调整图层的大小和旋转角度，如图 2-3-162 所示。

复制图层，将蒙版属性的羽化值设置为 4 像素，按组合键 Ctrl+T 调整图层的大小和旋转角度，将图层的不透明度设为 100%，效果如图 2-3-163 所示。

图 2-3-162　调整图层的大小和旋转角度

图 2-3-163　玻璃质感完成效果

3. 拓展任务

（1）收集玻璃感的图标，制作素材库。

（2）临摹图 2-3-164 所示的玻璃质感的图标。

图 2-3-164 玻璃质感图标临摹

（3）创作并绘制 5 个玻璃质感的图标。

第 3 篇
综合实践篇

项目 1

移动端主题设计

知识导入

1. 手机主题设计

手机主题用简单的话说就是“皮肤”，如图 3-1-1～图 3-1-3 所示，用户可以根据自己的喜好，在主题商店下载并安装主题，使手机快捷、方便地实现个性化。

2. 设计思路

在设计一套手机图标之前，首先需要确定一个主题，如卡通主题或复古主题。其次，需要根据主题进行头脑风暴、思维发散，以确定所有可以使用的元素。再次，在确定的元素中将与功能性对应的有用元素提取出来，并通过在纸上绘制出图标的手稿来确定设计风格的规范。最后，根据手稿在图形编辑软件中将整套移动端图标绘制出来。设计思路如图 3-1-4 所示。

图 3-1-1　轻质感主题

图 3-1-2 玻璃质感主题

图 3-1-3 铜质感主题

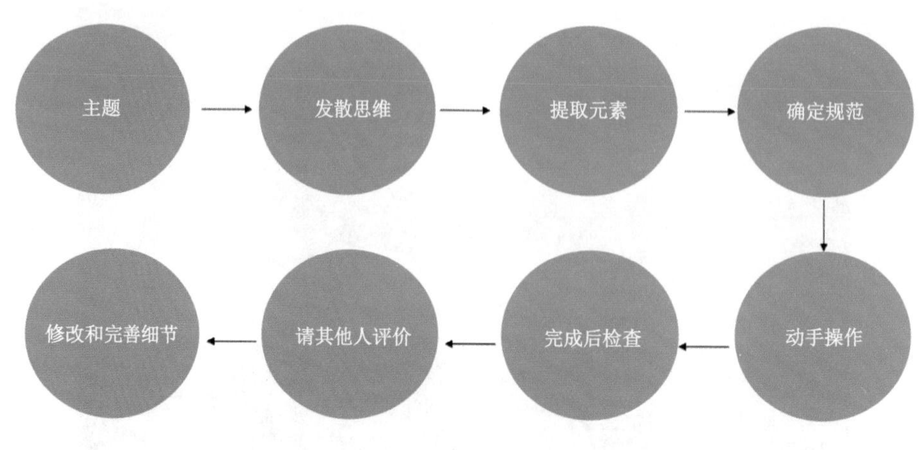

图 3-1-4 设计思路

3. 注意事项及设计规范

设计的过程中需要特别注意的是版权问题，不能直接使用网上他人的作品，如摄影作品、手绘作品、设计作品等；不得涉及敏感违规内容，如反人类、血腥暴力、色情、政治敏感、广告等。

为了使作品风格统一，在设计前需要为作品制定一个设计规范。设计规范主要包括配色、形状、材质、构图比例等。

1）配色

需要根据确定的主题风格确定一套配色方案，并在设计过程中只使用方案中的配色，正反面例子如图 3-1-5 所示。

（a）配色风格统一

（b）配色凌乱

图 3-1-5 配色的对比

2）形状

在一整套手机主题中，每个图标的形状风格需要一致。例如，使用圆角效果的图标，圆角的半径要统一。正反面例子如图 3-1-6 所示。

（a）形状统一

（b）形状不统一

图 3-1-6　形状的对比

3）材质

材质指整体的表现手法，如整体使用立体的效果，而斜面和浮雕等立体的效果应该全部应用一样的大小。正反面例子如图 3-1-7 所示。

（a）材质统一

（b）材质不统一

图 3-1-7　材质的对比

4）构图比例

构图比例是指每一个图标的功能性内容占比要在图标大小的 60%以上，这样整体看起来所有的图标大小应该是统一的。正反面例子如图 3-1-8 所示。

设计规范包括但不限于以上几方面，在设计过程中，需要根据实际情况去调整、规范，以确定整体作品的统一风格。

（a）构图比例得当

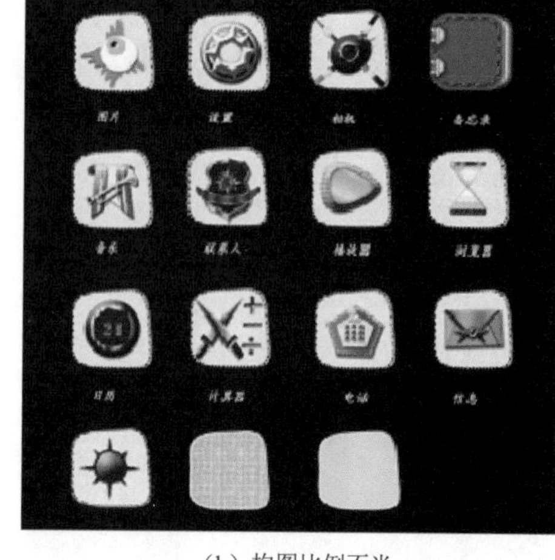

（b）构图比例不当

图 3-1-8　构图比例的对比

4. 设计内容

不同的厂商会有不同的要求，这里以 CM Launcher 为案例展示各项内容及规范。需要注意的是，CM Launcher 的主要用户群体是欧美、东南亚等国外地区，所以设计中如果出现文字，应尽量使用英文。

1）图标

CM Launcher 平台要求上传的图标大小为 168 像素×168 像素，PNG 格式，且文件不大于 20KB。设计内容为系统必备应用和第三方主流软件，如电话、联系人、浏览器、短信、相机、图库、谷歌地图、Facebook 等。

2）壁纸

壁纸分为桌面壁纸和文件夹壁纸两类。桌面壁纸大小为 720 像素×1080 像素，JPG 格式，文件不大于 200KB；文件夹壁纸大小为 720 像素×1080 像素，JPG 格式，文件不大于 100KB。

3）锁屏

锁屏图标的大小为 1080 像素×1920 像素，JPG 格式，文件不大于 800KB。

任务 1　移动端主题图标设计

此任务要绘制的视频图标效果图如图 3-1-9 所示。

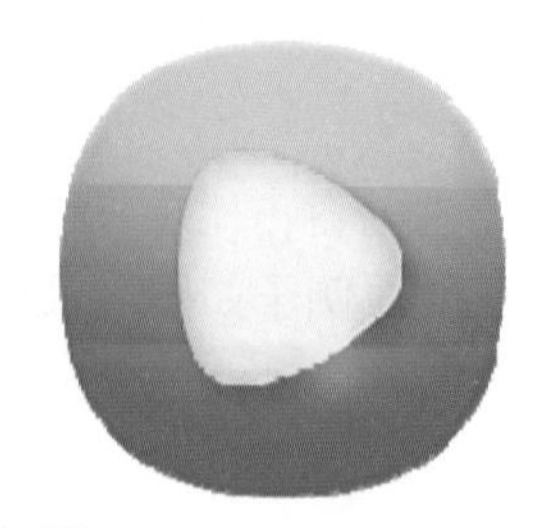

图 3-1-9　视频图标效果图

1. 设计要点

（1）设计思路：在这里以轻质感为主题，突出轻质感的优点，以视频图标为例进行讲解。

（2）表现技巧：轻质感是在扁平化的基础上进行更细致的处理，添加轻微的图层样式来增加质感，同时保有扁平化的视觉冲击力。

（3）技能提炼：

① 使用矢量形状工具绘制基本图形；

② 使用图层样式对图层进行设置。

2. 操作步骤

步骤 01：打开 Photoshop，选择【文件】→【新建】选项，新建一个 168 像素×168 像素、分辨率为 72 像素/英寸的画布，背景色填充为白色（#ffffff），具体设置如图 3-1-10 所示。选中背景图层，按 Delete 键删除图层。

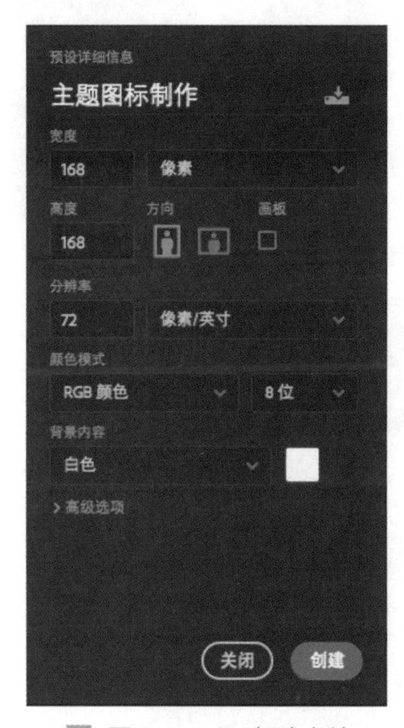

图 3-1-10　新建文件

步骤 02：选择【多边形工具】，在选项栏中设置边数为 4，勾选“平滑拐角”复选框，绘制一个尺寸为 168 像素×168 像素的多边形，如图 3-1-11 所示。

图 3-1-11　绘制多边形

为图层添加渐变叠加、内阴影、斜面和浮雕图层样式。渐变叠加的样式选择线性，角度设为 90 度，如图 3-1-12 所示。内阴影的混合模式选择正常，取消勾选“使用全局光”复选框，角度设为-90 度，距离设为 20 像素，大小设为 30 像素，如图 3-1-13 所示。斜面和浮雕大小设为 3 像素，取消勾选“全局光”复选框，角度设为 90 度，高度设为 10 度，高光模式选择叠加，不透明度设为 80%，阴影模式选择叠加，不透明度设为 20%，如图 3-1-14 所示。绘制的底板效果如图 3-1-15 所示。

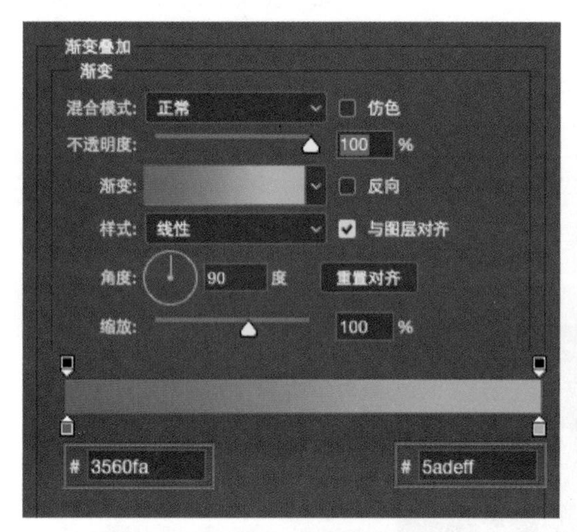

图 3-1-12 渐变叠加参数设置

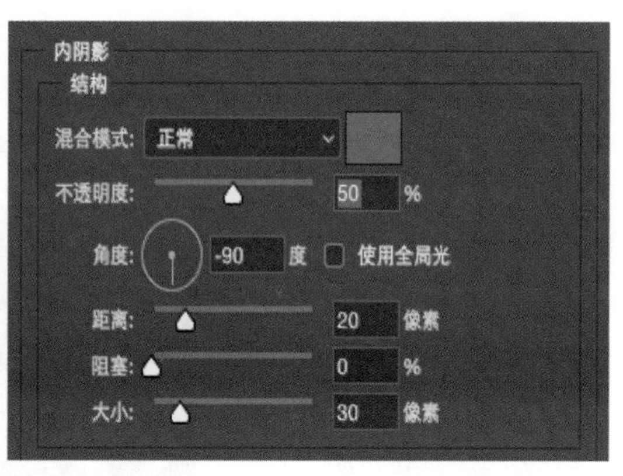

图 3-1-13 内阴影参数设置

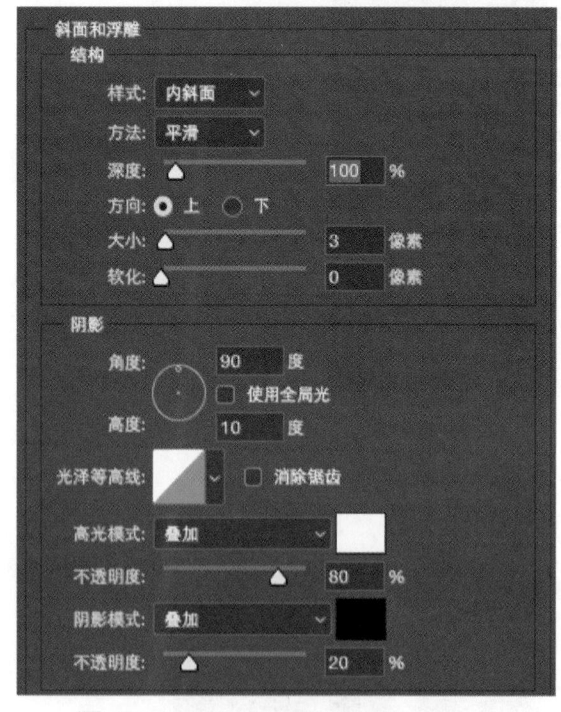

图 3-1-14 斜面和浮雕参数设置

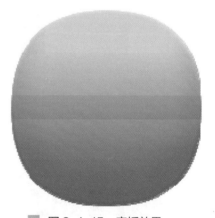

图 3-1-15 底板效果

步骤 03：选择【椭圆工具】，在画布中创建一个椭圆形，尺寸为 120 像素×86 像素，填充颜色值为 #ffffff，如图 3-1-16 所示。

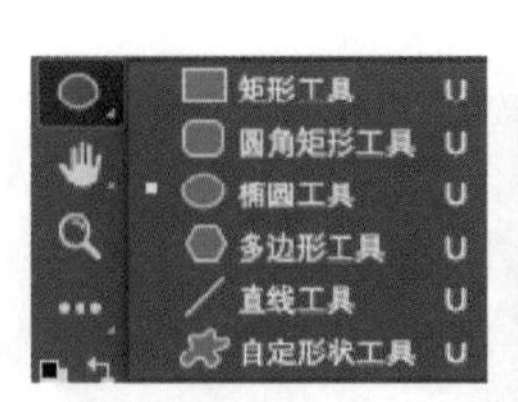

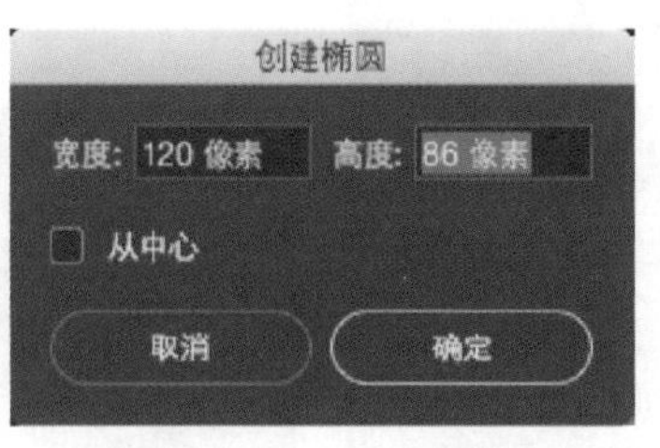

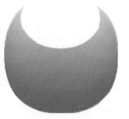

图 3-1-16　绘制椭圆

在“属性”面板中，羽化设为 30 像素。在“图层”面板中，混合模式选择叠加，图层不透明度设为 50%。按 Ctrl 键并单击底板图层的缩略图，选中椭圆形图层，在“图层”面板的最下方单击【图层蒙版】按钮，绘制的高光效果如图 3-1-17 所示。

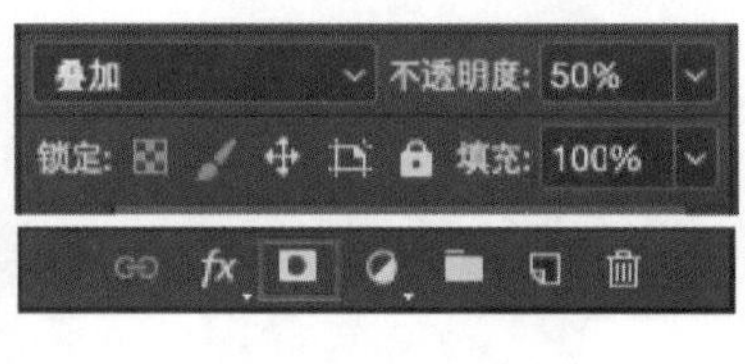

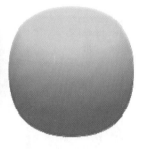

图 3-1-17　高光效果

步骤 04：选择【多边形工具】，在画布中创建一个多边形，尺寸为 96 像素×110 像素，边数设为 3，勾选“平滑拐角”复选框，填充颜色值为 #e5f3ff。视频形状绘制完成，如图 3-1-18 所示。

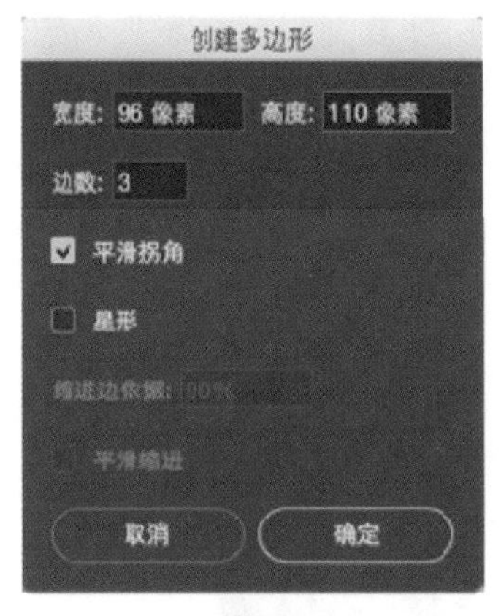

图 3-1-18　绘制的视频形状

为图层添加内发光、内阴影和外发光图层样式。内发光不透明度设为 75%，颜色值设为 #8ecbff，大小设为 20 像素，如图 3-1-19 所示。内阴影混合模式选择正常，颜色值设为 #ffffff，取消勾选“使用全局光”复选框，角度设为-45 度，距离设为 2 像素，大小设为 2 像素，如图 3-1-20 所示。外发光混合模式选择叠加，不透明度设为 35%，颜色值为 #0b31d9，大小设为 3 像素，如图 3-1-21 所示。视频图标效果如图 3-1-22 所示。

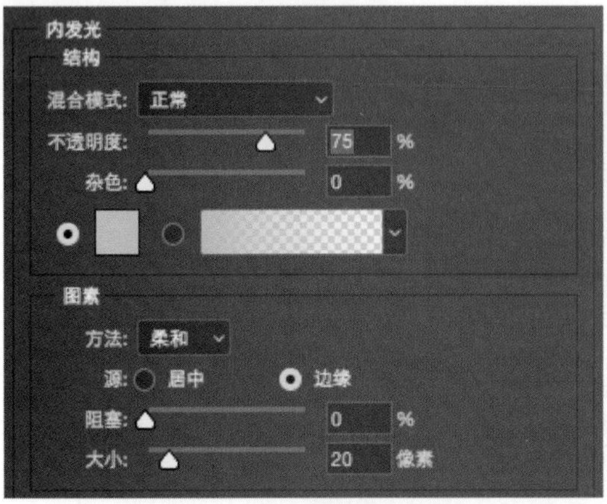

图 3-1-19　内发光效果

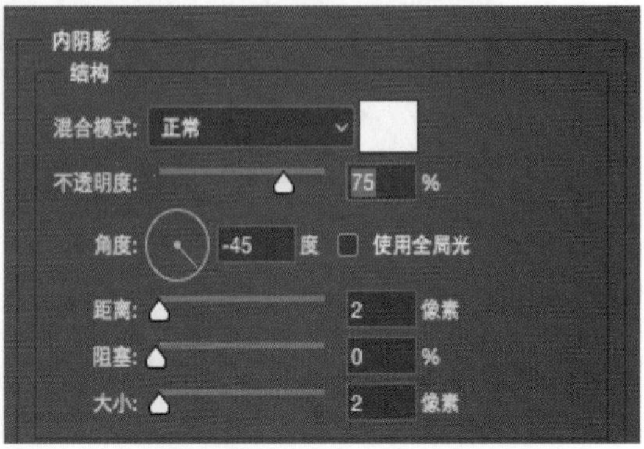

图 3-1-20　内阴影效果

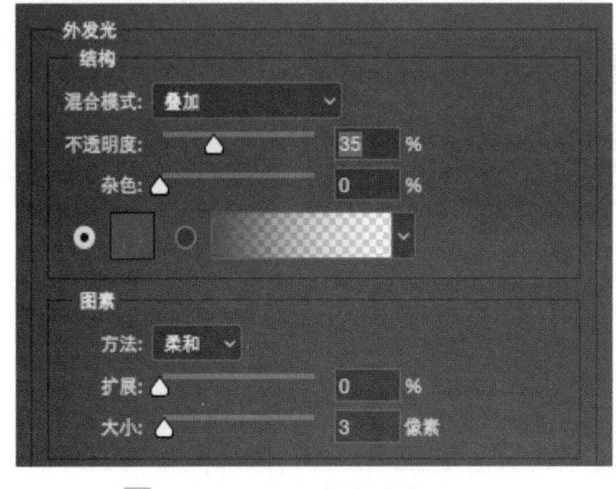

图 3-1-21　外发光效果

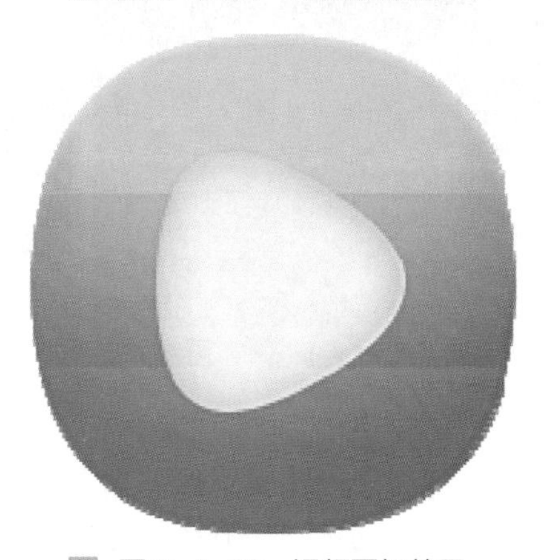

图 3-1-22　视频图标效果

步骤 05：选择视频图层，按组合键 Ctrl+J 复制图层，选中下方的图层并右击，在弹出的快捷菜单中选择【清除图层样式】选项。将图层填充色值改为 #1f55cf，并向右下方移动图层位置，如图 3-1-23 所示。

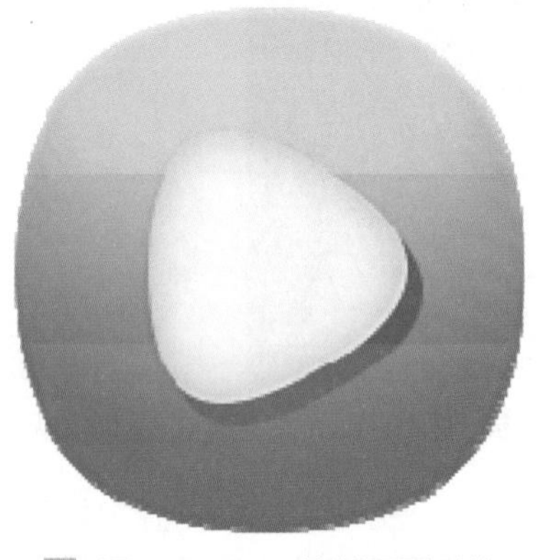

图 3-1-23　绘制阴影形状

在“属性”面板中，将羽化设为 4 像素。在“图层”面板最下方单击【图层蒙版】按钮，选择【画笔工具】，将前景色色值设为 #000000，在选项栏中将画笔大小设为 140 像素，硬度设为 0%，用画笔的边缘在阴影图层的右下方轻轻涂抹。绘制的阴影效果如图 3-1-24 所示。

图 3-1-24　阴影效果

选择【椭圆工具】，在画布中创建一个椭圆形，尺寸为 20 像素×20 像素，填充颜色值为 #ffffff。在“属性”面板中，将羽化设为 7 像素。在“图层”面板中，混合模式选择叠加，绘制的反光效果如图 3-1-25 所示。

图 3-1-25　反光效果

3. 拓展任务

（1）收集手机主题图标素材，分类保存手机主题图标（可以文件夹进行分类），这样做能提高审美和欣赏水平。

（2）临摹图 3-1-26 所示的手机主题图标。

图 3-1-26　图标临摹

任务 2 移动端背景设计

案例展示：

此任务要绘制的背景效果图如图 3-1-27 所示。

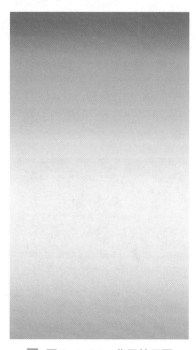

图 3-1-27 背景效果图

1. 设计要点

（1）设计思路：设计的过程中需要注意版权问题，不能直接使用网上他人的作品，包括但不限于摄影作品、手绘作品、设计作品等。所以，可以使用自己拍摄的作品、已购买版权的素材或者自己制作的设计来作为背景图。此外，要与本项目任务 1 设计的一套图标统一风格、统一色彩。

（2）表现技巧：使用了渐变色的表现技巧，这是时下流行的设计中的一种。需要注意颜色的搭配，以确保舒适度。

（3）技能提炼：使用图层样式调整图层细节。

2. 操作步骤

步骤 01：打开 Photoshop，选择【文件】→【新建】选项，新建一个 720 像素×1280 像素、分辨率为 72 像素/英寸的画布，背景色填充为白色（#ffffff），具体设置如图 3-1-28 所示。

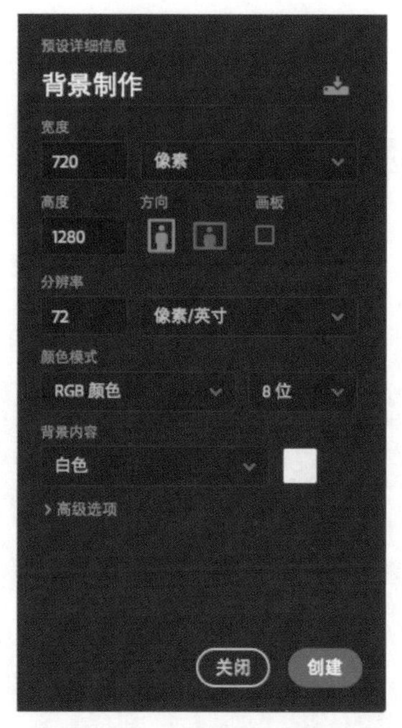

图 3-1-28　新建文件

步骤 02：单击背景图层的【锁定】图标，取消图层的锁定，如图 3-1-29 所示，为图层添加渐变叠加图层样式，具体的参数设置如图 3-1-30 所示。

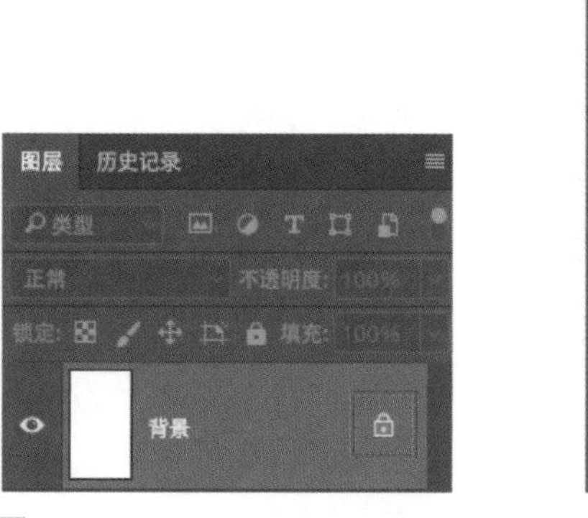

图 3-1-29　取消图层锁定

图 3-1-30　渐变叠加参数设置

任务 3 移动端解锁界面设计

案例展示：

此任务要绘制的锁屏效果图如图 3-1-31 所示。

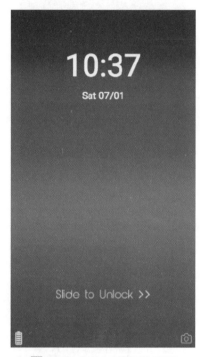

图 3-1-31 锁屏效果图

1. 设计要点

（1）设计思路：与本项目任务 1 所做的图标风格统一、色彩统一，并进行延展设计。

（2）表现技巧：使用了渐变色的表现技巧，需要注意颜色的搭配，以确保舒适度。

（3）技能提炼：使用图层样式对图层的细节进行调整。

2. 解锁方式

下面根据不同的解锁方式来讲解具体的规范，再根据之前所学的知识进行设计即可。

方式 01：滑动解锁，如图 3-1-32 所示。

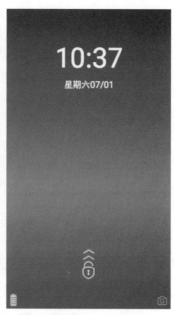

（a）侧滑解锁

（b）向上滑动解锁

图 3-1-32　滑动解锁

（1）相机图标：大小为 60 像素×60 像素，PNG 格式，不大于 50KB，如图 3-1-33 所示。

图 3-1-33　相机图标

（2）电量图标：大小为 44 像素×52 像素，PNG 格式，不大于 20KB，如图 3-1-34 所示。

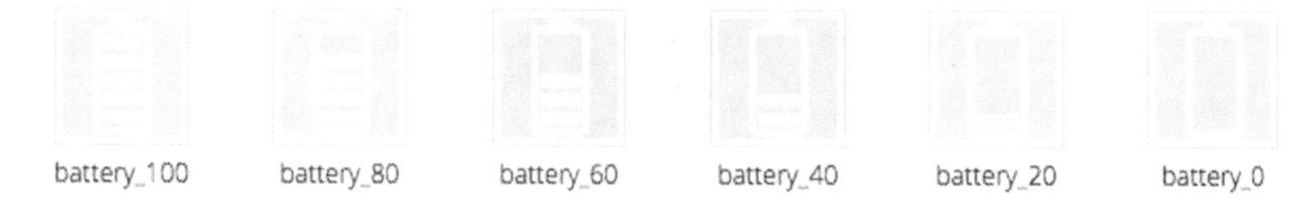

图 3-1-34　电量图标

电量图标与手机电量对应的关系如下。

battery_100：手机电量已满。

battery_80：电量 80%～99%。

battery_60：电量 60%～79%

battery_40：电量 40%～59%。

battery_20：电量 20%～39%。

battery_0：电量 0～19%。

battery_charging：手机充电中。

（3）侧滑解锁标志：大小为 285 像素×30 像素，PNG 格式，不大于 200KB，如图 3-1-35 所示。

（4）向上滑动解锁标志：大小为 75 像素×120 像素，PNG 格式，不大于 60KB，如图 3-1-36 所示。

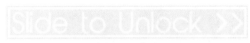

slide_to_unlock

■ 图 3-1-35　侧滑解锁标志

slide_up_to_unlock

■ 图 3-1-36　向上滑动解锁标志

方式 02：数字解锁，如图 3-1-37 所示。

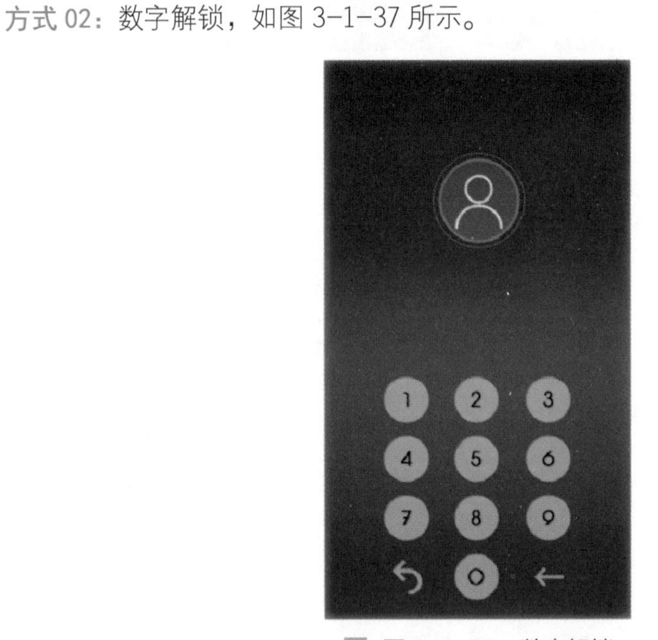

■ 图 3-1-37　数字解锁

（1）头像图标：大小为 400 像素×400 像素，PNG 格式，不大于 300KB，如图 3-1-38 所示。

avatar

■ 图 3-1-38　头像图标

（2）数字图标：大小为 120 像素×120 像素，PNG 格式，不大于 50KB，如图 3-1-39 所示。

（3）返回和删除图标：大小为 120 像素×120 像素，PNG 格式，不大于 50KB，如图 3-1-40 所示。

图 3-1-39　数字图标

图 3-1-40　返回和删除图标

方式 03：手势解锁，如图 3-1-41 所示。

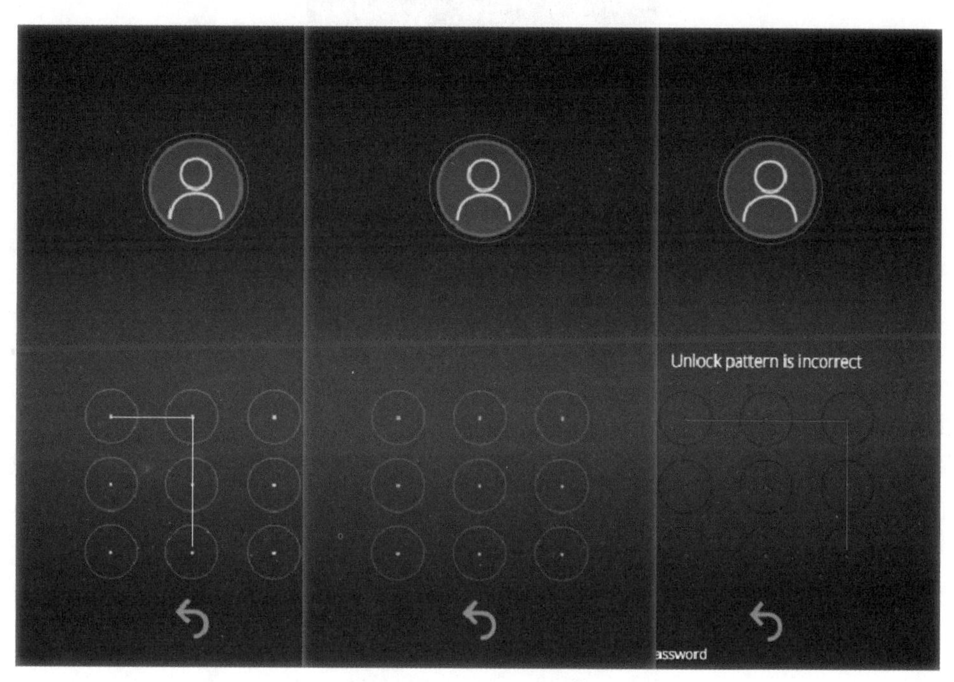

图 3-1-41　手势解锁

默认、正确和错误状态：大小为 120 像素×120 像素，PNG 格式，不大于 50KB，如图 3-1-42 所示。

图 3-1-42　默认、正确和错误状态

3. 操作步骤

步骤 01：在这里以手势解锁为例，打开 Photoshop 软件，选择【文件】→【新建】选项，新建一个 120 像素×120 像素、分辨率为 72 像素/英寸的画布，背景色填充为透明，如图 3-1-43 所示。

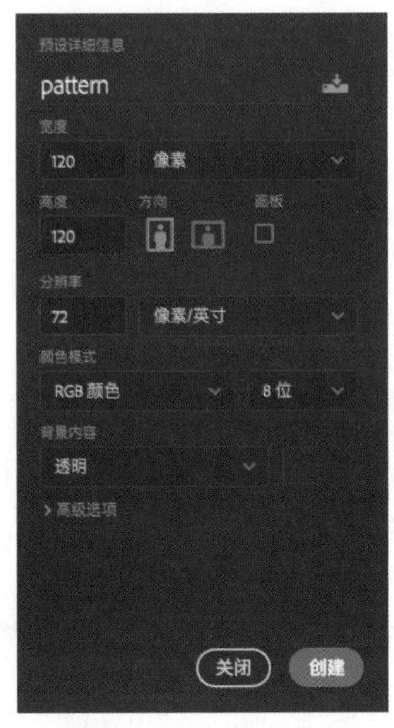

图 3-1-43　新建文件

步骤 02：选择【椭圆工具】，单击画布，创建一个正圆，尺寸为 100 像素×100 像素。填充改为无颜色，描边填充色值为#d7d7d7，描边宽度 20 像素。完成的 pattern 图层形状如图 3-1-44 所示。

图 3-1-44　pattern 图层形状

为图层添加图层样式内发光和外发光。内发光不透明度 100%，颜色值为#ffffff，大小为 7 像素。外发光混合模式正常，不透明度为 35%，颜色值为#ffffff，大小为 10 像素，如图 3-1-45 所示。pattern 完成效果如图 3-1-56 所示。

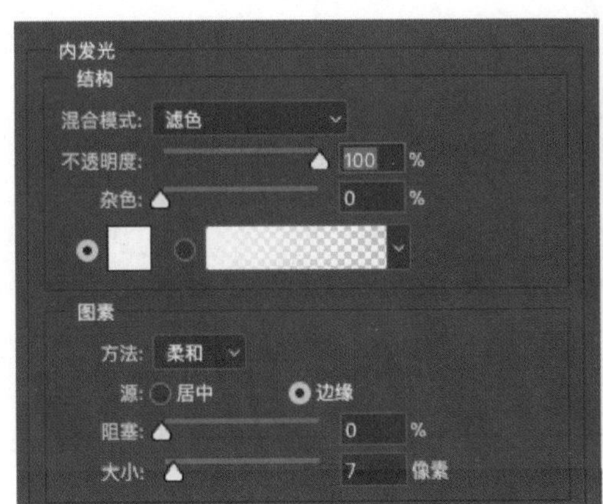

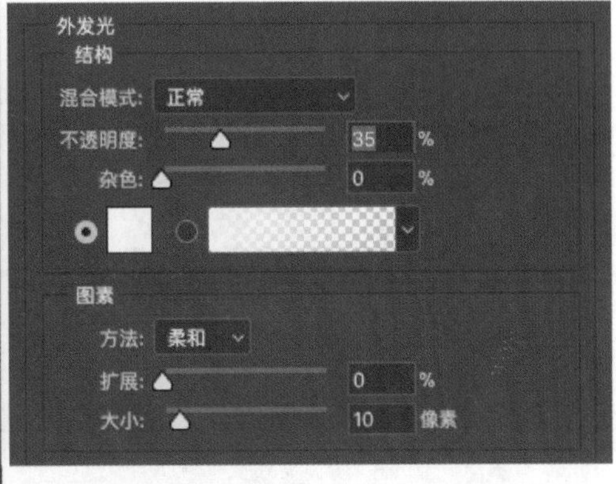

图 3-1-45　内发光和外发光效果

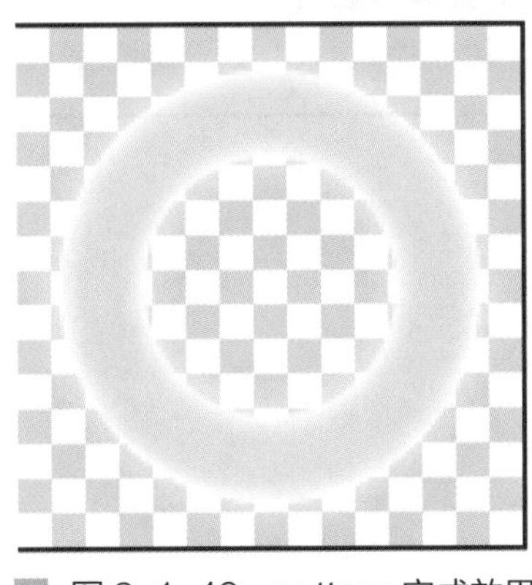

图 3-1-46　pattern 完成效果

按组合键 Ctrl+Shift+Alt+S，打开存储为 Web 格式窗口，格式选择 PNG-24，单击【存储】按钮，完成存储后将图片命名为 pattern。

步骤 03：选择【椭圆工具】，单击画布，创建一个正圆，尺寸为 100 像素×100 像素。填充改为无颜色，描边填充色值为#0995ed，描边宽度为 20 像素。完成后的 pattern-input 图层形状如图 3-1-47 所示。

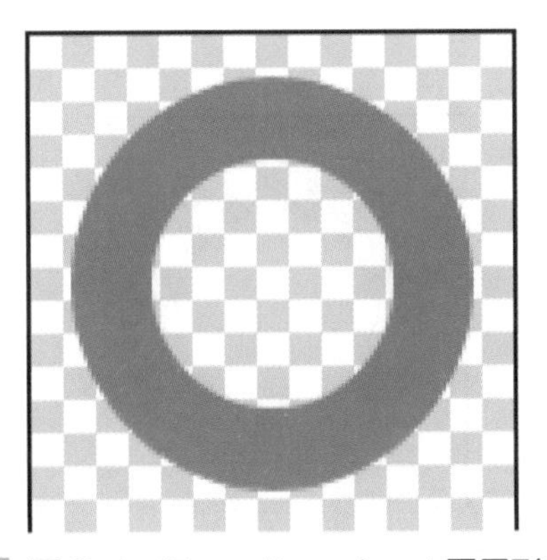

图 3-1-47　pattern-input 图层形状

为图层添加图层样式内发光和外发光。内发光不透明度为 100%，颜色值为#00fff0，大小为 7 像素。外发光混合模式正常，不透明度为 35%，颜色值为#00f6ff，大小为 10 像素，如图 3-1-48 所示。pattern-input 完成效果如图 3-1-49 所示。

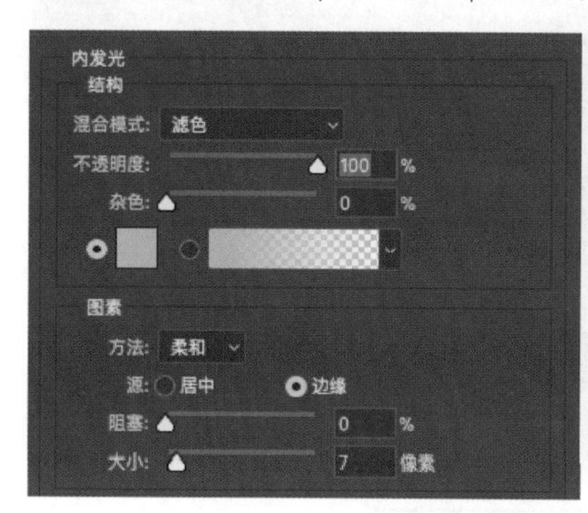

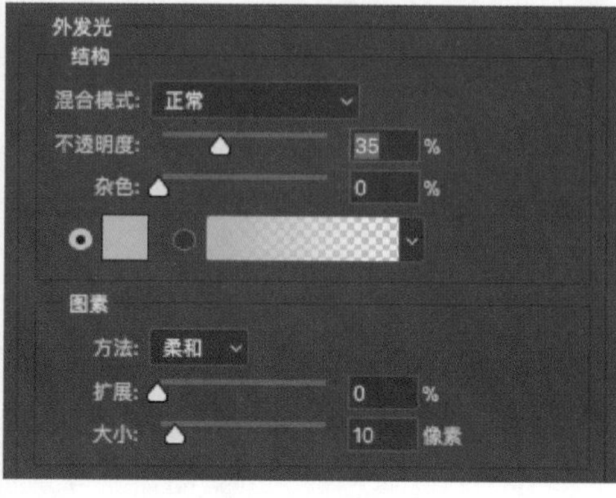

图 3-1-48　内发光和外发光效果

图 3-1-49　pattern-input 完成效果

按组合键 Ctrl+Shift+Alt+S 键，打开存储为 Web 格式窗口，格式选择 PNG-24，单击【存储】按钮，完成存储后将图片命名为 pattern-input。

步骤 04：选择【椭圆工具】，单击画布，创建一个正圆，尺寸为 100*100 像素。填充改为无颜色，描边填充色值为# ef4964，描边宽度为 20 像素。完成后的 pattern-wrong 图层形状完成如图 3-1-50 所示。

图 3-1-50　pattern-wrong 图层形状

为图层添加图层样式内发光和外发光。内发光不透明度为 100%，颜色值为# ff8181，大小为 7 像素。外发光混合模式正常，不透明度 35%，颜色值为# ff8484，大小为 10 像素，如图 3-1-51 所示。完成后的 pattern-wrong 效果如图 3-1-52 所示。

按组合键 Ctrl+Shift+Alt+S，打开存储为 Web 格式窗口，格式选择 PNG-24，单击【存储】按钮，完成存储后将图片命名为 pattern-wrong。

用同样的方式完成 back 的设计，完成效果如图 3-1-53 所示。

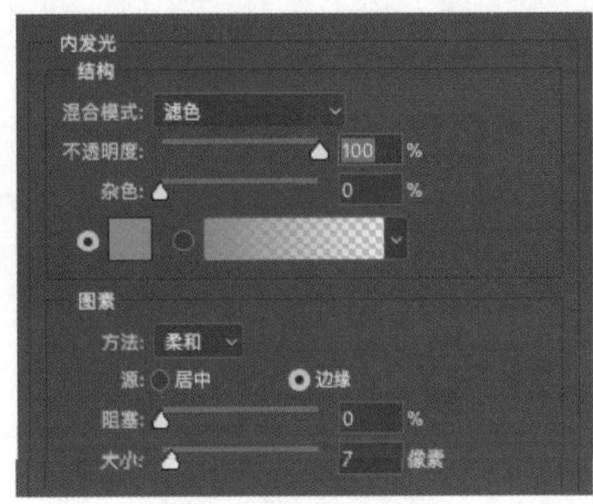

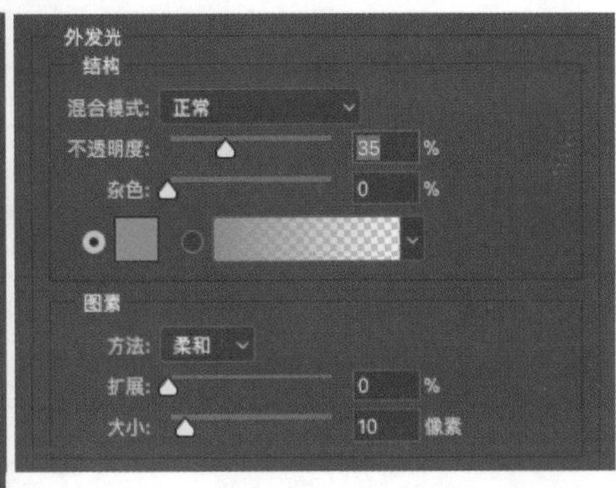

图 3-1-51　内发光和外发光效果

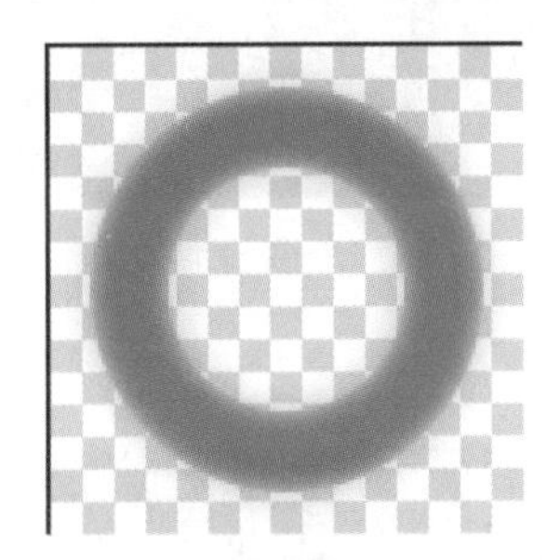

图 3-1-52　pattern-wrong 完成效果

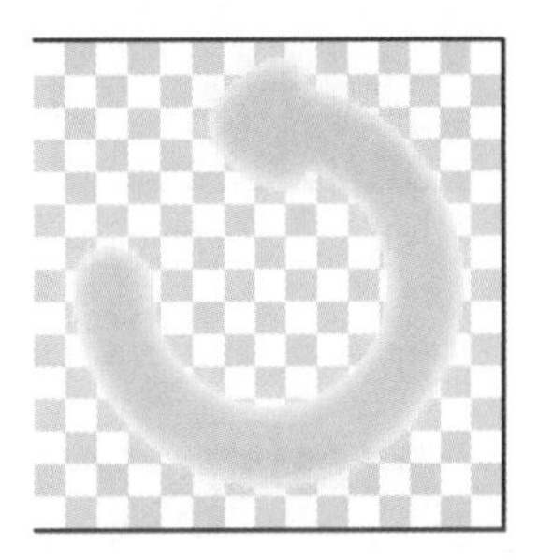

图 3-1-53　back 完成效果

步骤 05：打开 Photoshop 软件，选择【文件】→【新建】选项，新建一个 1080 像素 × 1920 像素、分辨率为 72 像素/英寸的画布，背景色填充透明，如图 3-1-54 所示。

图 3-1-54　新建文件

步骤 06：单击背景图层【锁定】图标，取消图层锁定，如图 3-1-55 所示。为图层添加图层样式渐变叠加，完成效果如图 3-1-56 所示。

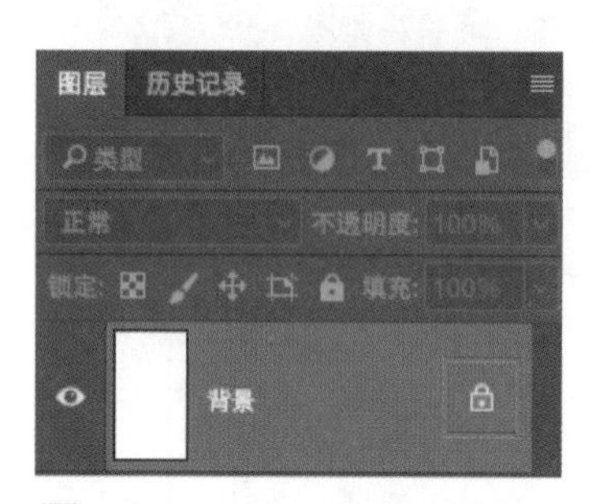

图 3-1-55 取消图层锁定

图 3-1-56 渐变叠加效果

锁屏整体完成效果如图 3-1-57 所示。

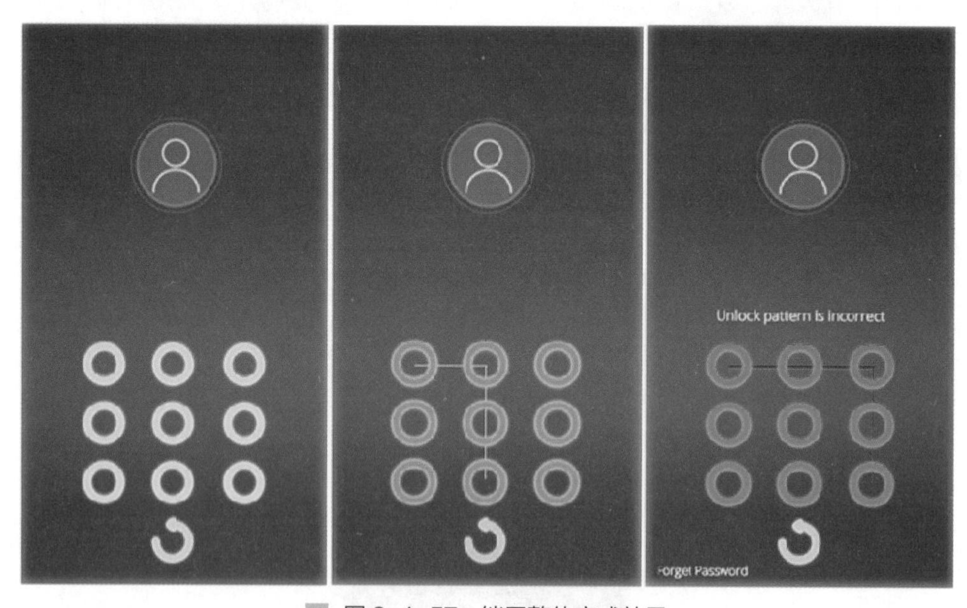

图 3-1-57 锁屏整体完成效果

4. 拓展任务

（1）收集锁屏壁纸素材，分类保存锁屏壁纸素材（可用文件夹进行分类），这样做能提高审美和欣赏水平。

（2）根据主题风格完成其他解锁方式的设计。

任务 4　主题图标测试与发布

1. 设计要点

（1）注意事项：在设计前需要检查图标内容是否全部设计完成，存储格式是否正确，以及图片大小是否符合平台要求。切图时应注意及时对保存好的图片进行重命名，并且应该按照图片的内容进行清晰的命名。上传时需要确保每一项内容都已经按要求完成。上传完成后，需要在自己的手机上查看实际效果。

（2）技能提炼：对规范的理解。

2. 操作步骤

步骤 01：打开已完成的设计，这里以本项目任务 1 的图标为例。对背景图层进行取消视图操作，仅显示当前图标的图层。按组合键 Ctrl+Alt+Shift+S，打开存储为 Web 格式窗口，格式选择 PNG-24，如图 3-1-58 所示。

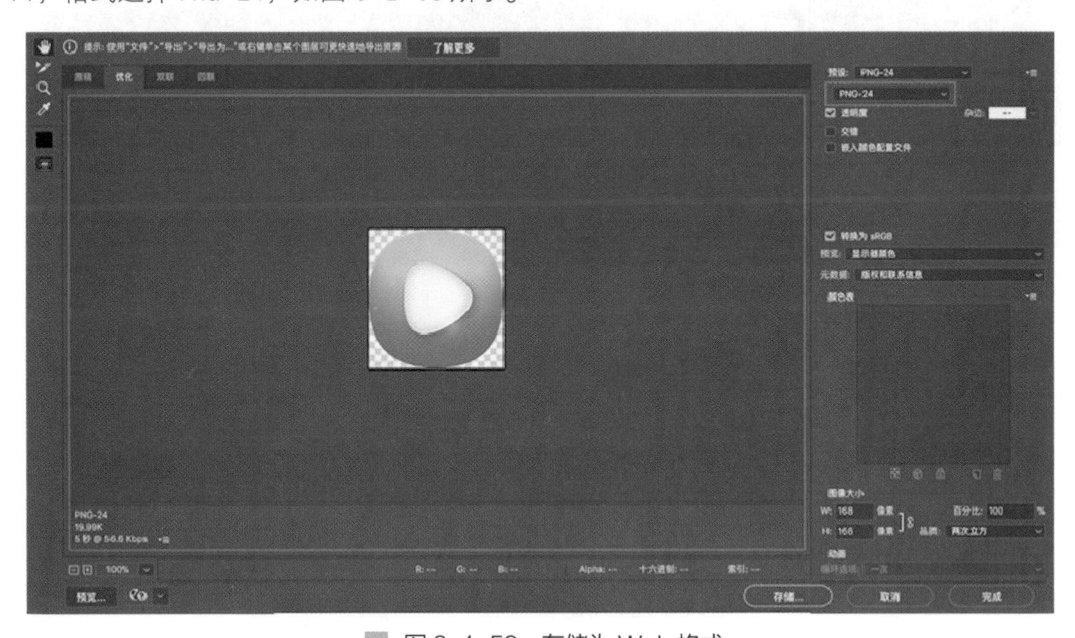

图 3-1-58　存储为 Web 格式

单击【存储】按钮后选择存储位置，并进行保存。一定要及时将已经保存好的图片按内容进行重命名，否则再次存储时会被替换。

> **专家讲**
> CM Launcher 在上传时对图片的文件大小有要求，而存储为 Web 格式可以优化图片文件，所以文件存储为 Web 格式会比直接另存为 PNG 格式小很多，这样才能保存为画质比较高而文件大小又比较小的文件。

步骤 02：使用 Chrome 浏览器登录 CM Launcher 官方网站，网址为 http://launcher.cmcm.com/，如图 3-1-59 所示。需要注册一个账号并登录。登录后可以新建主题，如图 3-1-60 所示。主题名称使用全英文。

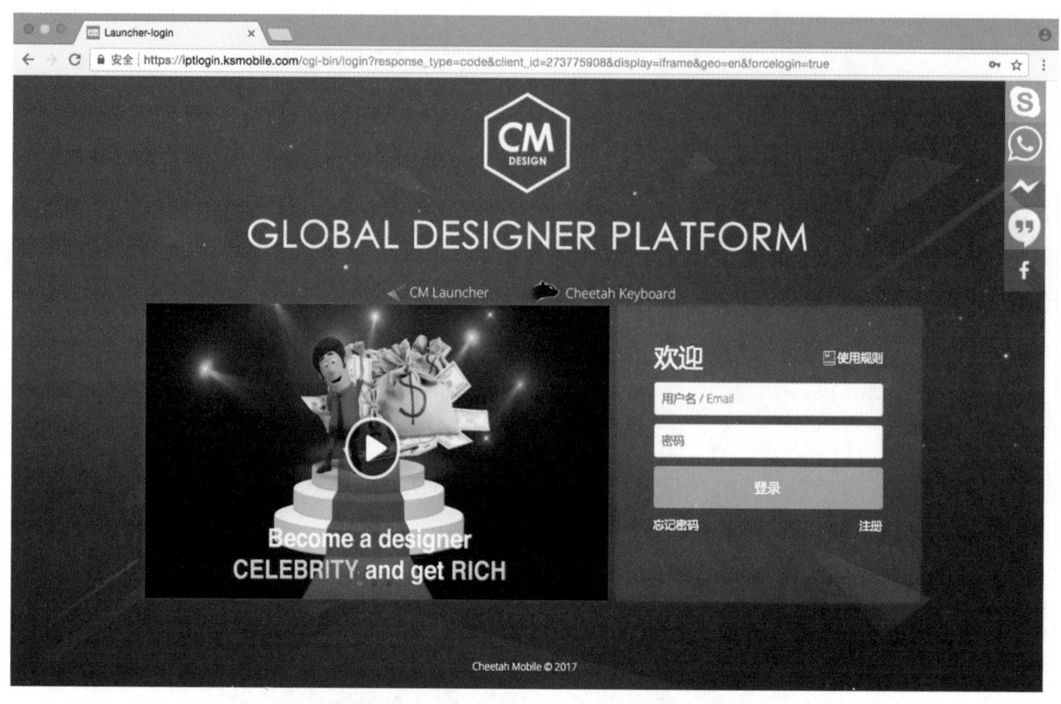

图 3-1-59 CM Launcher 官方网站

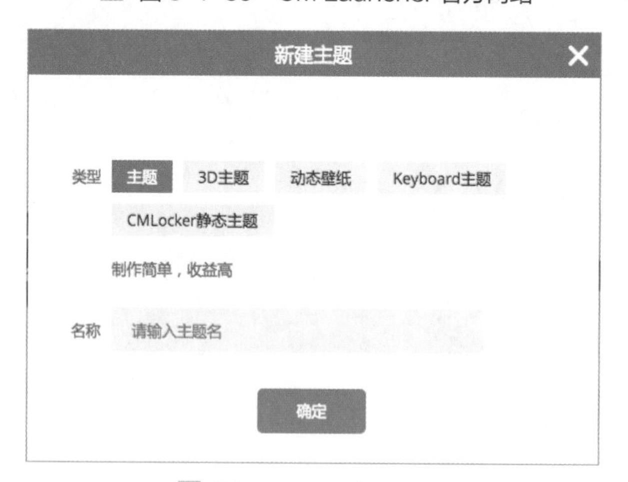

图 3-1-60 新建主题

步骤 03：根据标签标明的内容逐项完成设计后进行上传，完成上传后单击页面右上角的【导出】按钮进行导出，如图 3-1-61 所示。如果内容不完整，则不能导出，所以务必确定是否全部按照要求完成上传。

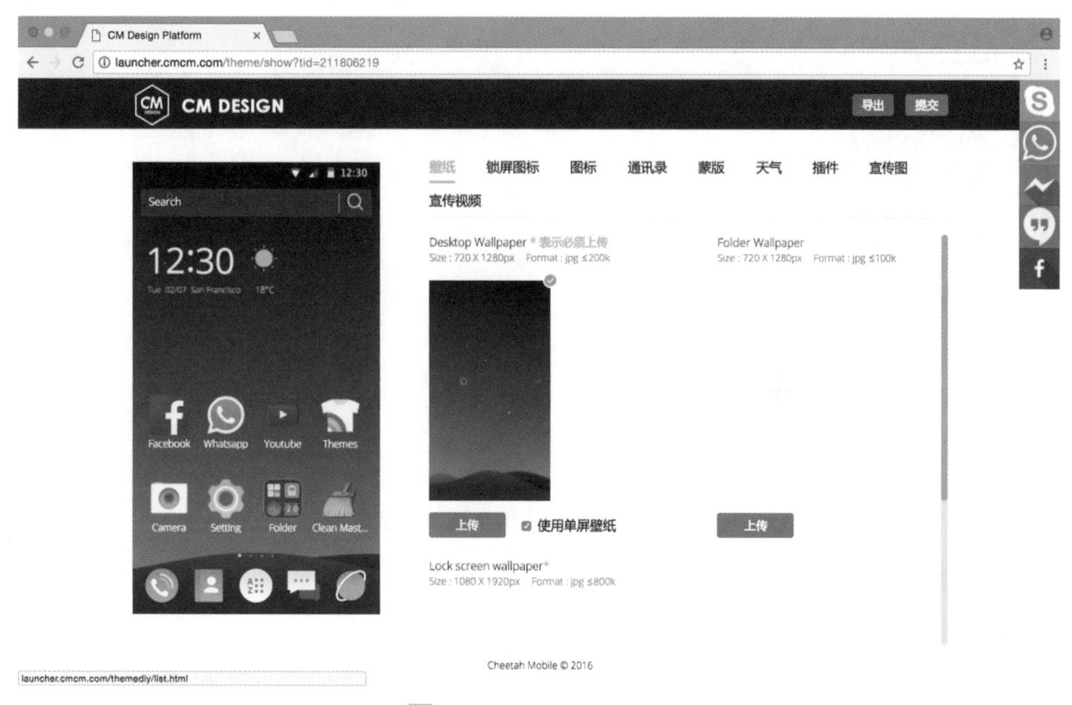

图 3-1-61 上传内容

步骤 04：使用安卓手机，用浏览器搜索猎豹 3D 桌面并下载安装，安装完成后的图标如图 3-1-62 所示。

图 3-1-62 猎豹 3D 桌面

打开猎豹主题后，使用数据线将下载的文件传送到手机上，手机的桌面上将生成主题的图标，点击后可以更换主题，可以在手机上直接看到实际的使用效果。根据情况再检查是否有需要修改和调整的地方。如果需要修改，则需要回到 PSD 源文件中进行修改，修改后重新存储图片，在官网登录后可以看到，已经上传好的主题是可以进行修改的，如图 3-1-63 所示。将修改后的图片重新上传即可。如果检查后没有问题，则可以单击【提交】按钮，并等待官方回复即可。

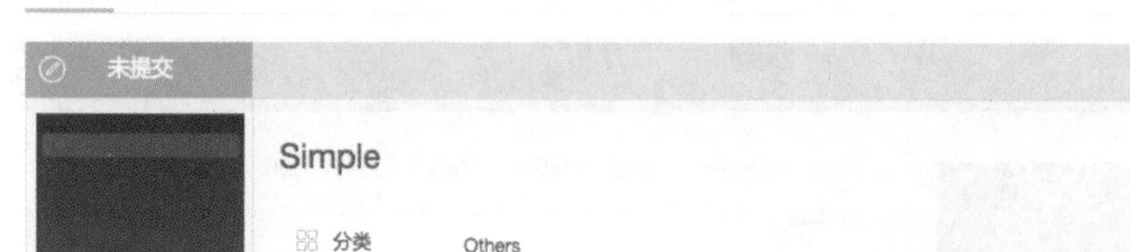

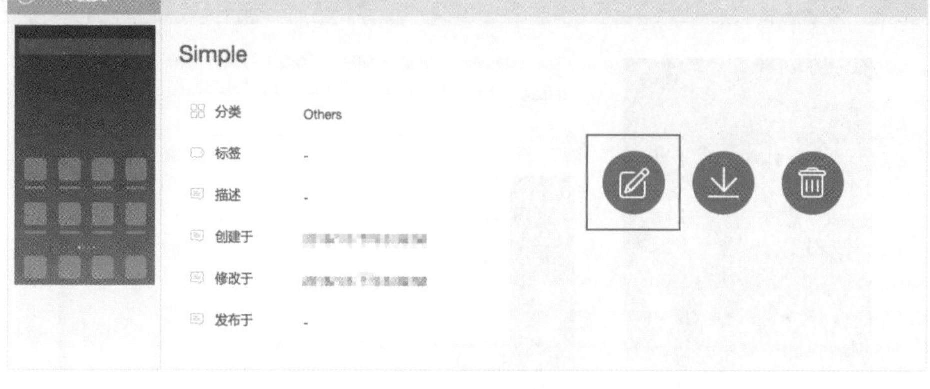

图 3-1-63　上传主题后可修改

上传完成后，手机使用主题的效果如图 3-1-64 所示。

图 3-1-64　手机使用主题的效果

3. 拓展任务

根据之前所学的内容，自己确定主题后设计一整套内容，上传并导出，检查后提交。主题风格不限，一周内完成即可。

项目 2

搜狗输入法皮肤设计

知识导入

1. 搜狗输入法简介

荣获多个国内软件大奖的搜狗输入法是一款打字超准、词库超大、速度飞快、外观漂亮、让人爱不释手的输入法。

手机皮肤由候选栏、拼音区、云候选区、键盘大背景、9 键键盘、26 键键盘、上划弹泡等元素组合；按键支持自定义贴图，每一个按键都可以自由定义，但是字体只能按区域统一修改颜色。9 键键盘示意图如图 3-2-1 所示。

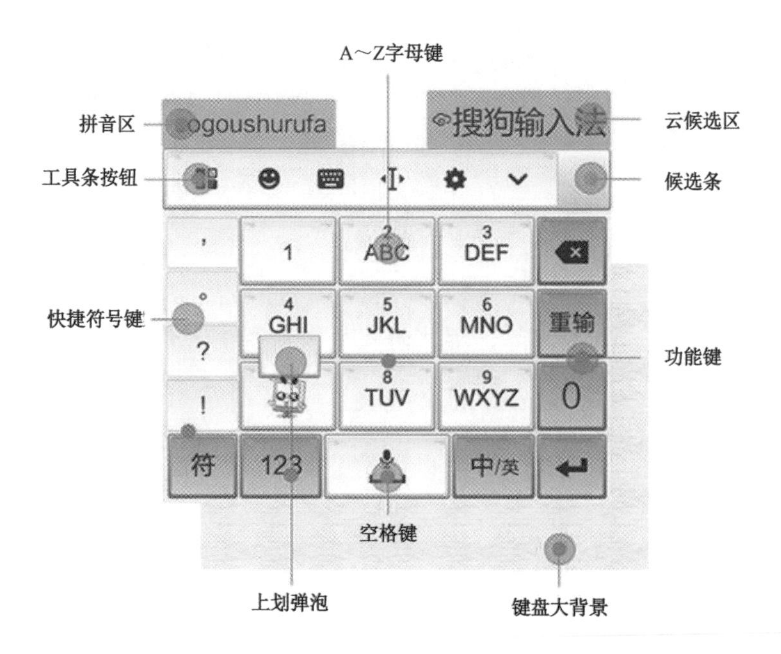

图 3-2-1　9 键键盘示意图

2. 设计原则

（1）所有按键字的颜色清晰可见，包括但不限于候选字、拼音串、云候选字、字母、数字、符号等，避免字体和背景图片混淆，要保证清晰的视觉体验。

（2）皮肤设计需要满足输入法的基本功能特性，包括但不限于首选、非首选颜色有明显区分、每个按键在按下时有明显的按下效果等。

（3）为降低用户下载皮肤的流量成本，每个按键的设计尽量留有可拉伸区域，减小切图尺寸。

3. 设计内容

1）尺寸

（1）9 键键盘尺寸标注图如图 3-2-2 所示。

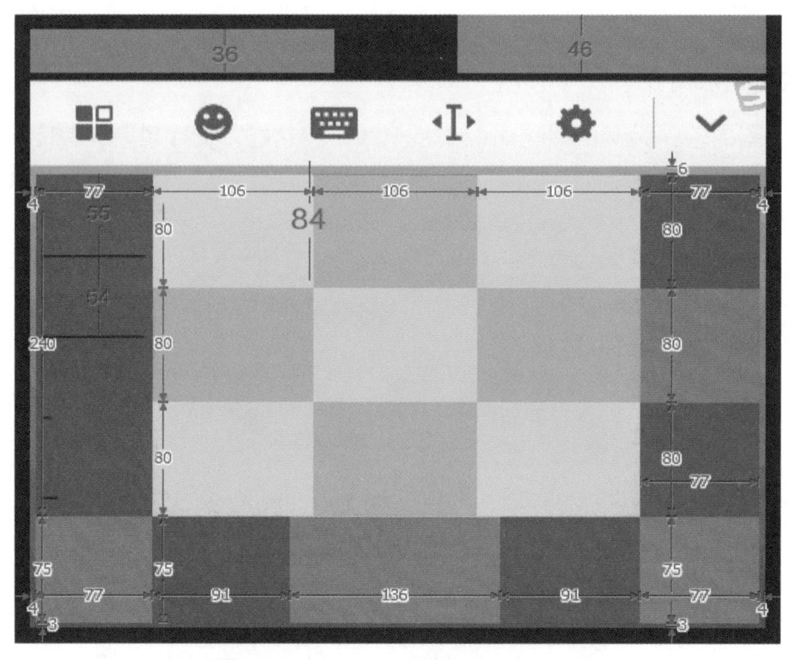

图 3-2-2　9 键键盘尺寸标注图

（2）26 键键盘尺寸标注图如图 3-2-3 所示。

因为输入法的特殊性，标注的尺寸仅为参考使用。实际操作中，应根据设计适当地调整可以平铺的尺寸，也可以在官方提供的 PSD 源文件中直接进行设计。

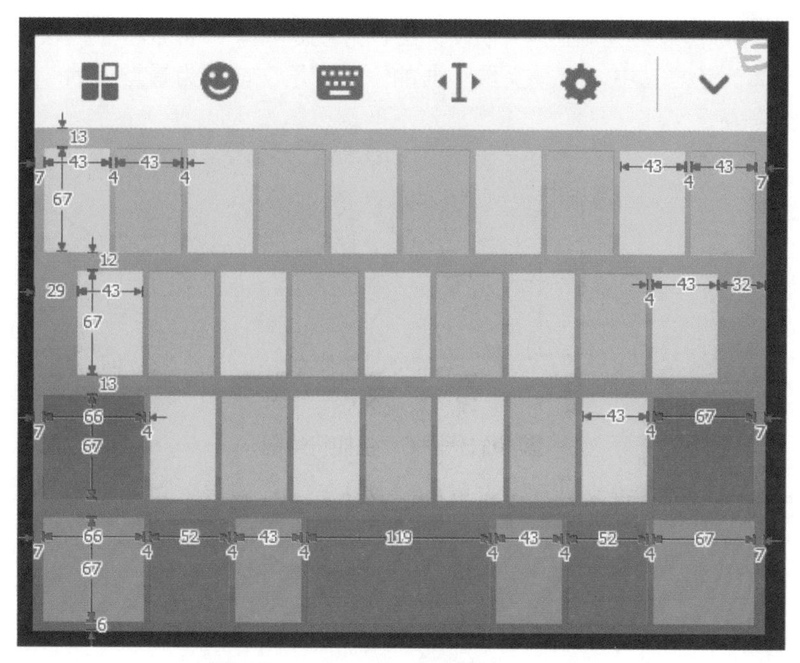

图 3-2-3　26 键键盘尺寸标注图

2）设计元素

手机皮肤由候选栏、拼音区、云候选区、键盘大背景、9 键键盘、26 键键盘和上划弹泡等元素组合。

（1）拼音区设计元素、云候选区设计元素、候选区设计元素各应有一张设计图，并设计相应位置的字体颜色，如图 3-2-4 所示。

图 3-2-4　拼音区、云候选区、候选区

（2）A~Z 字母键设计元素、空格键设计元素、功能键各应有 4 张设计图，分别是 9 键和 26 键的正常状态和按下状态，并设计字体颜色，如图 3-2-5 所示。

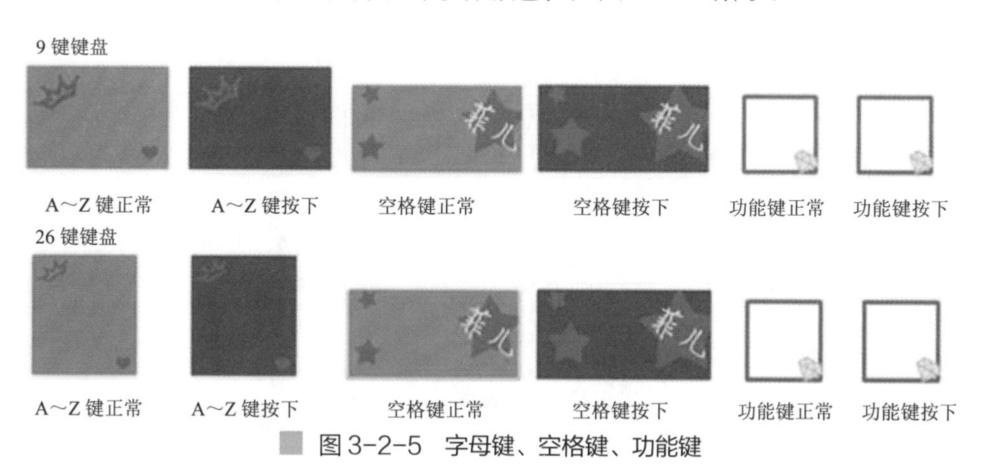

图 3-2-5　字母键、空格键、功能键

（3）快捷符号键设计元素应有4张设计图，分别是背景、正常状态、按下状态、前景框，并设计字体颜色。其中，背景为最下面的一个图层、前景为最上面的一个图层，为选中项，如图3-2-6所示。

图 3-2-6　快捷符号键

（4）上划弹泡设计元素应有一张设计图，并设计字体颜色，如图 3-2-7 所示。

图 3-2-7　上划弹泡

（5）键盘大背景设计元素应有一张设计图，或根据设计进行纯色填充。

任务 1　搜狗输入法皮肤设计

案例展示：

此任务要绘制的输入法皮肤如图 3-2-8 所示。

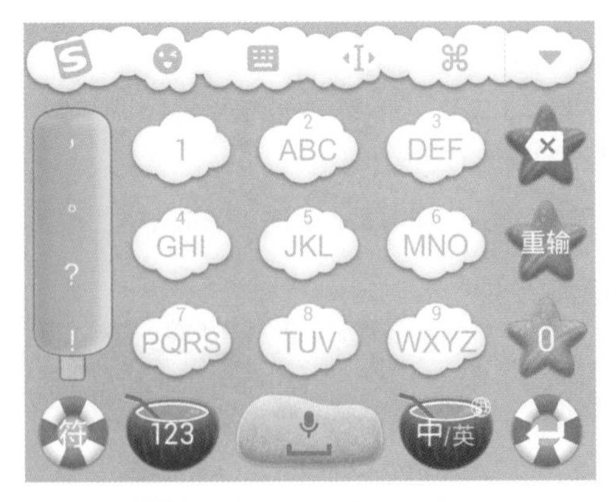

图 3-2-8　输入法皮肤

1. 设计要点

（1）设计思路：以夏天为灵感，采用蓝天、白云、椰子、海星等元素，烘托出夏天、海边、阳光、沙滩、水的清爽感，整体色调以柔和舒适为主。需要注意整体的协调性和产品的可用性，对主题元素的提取、表现及整体色调进行搭配。

（2）表现技巧：新建文件后要根据标注尺寸进行制作，也可以通过官方网站下载 PSD 源文件并进行设计。

搜狗输入法皮肤分别有安卓 1080、安卓 720、安卓 480、iOS1080 和 iOS640 等几种分辨率，在设计时只需要按照安卓 1080 分辨率来制作即可，其他分辨率在编辑器中可以直接复制。

（3）技能提炼：

① 对规范的把握；

② 注意设计的整体性。

2. 操作步骤

步骤 01：打开搜狗输入法官方网站提供的【安卓 9 键.psd】文件，可看到代表不同模块的图层都已经分好组，如图 3-2-9 所示，先将所有图层隐藏起来。

图 3-2-9 9 键键盘源文件

步骤 02：打开【字母按键】分组，任选一个按键图层，以该图层为设计范围，完成设计后可以删除该图层。选择【椭圆工具】，创建字母按键形状，填充颜色值为#ffffff，字母按键形状如图 3-2-10 所示。

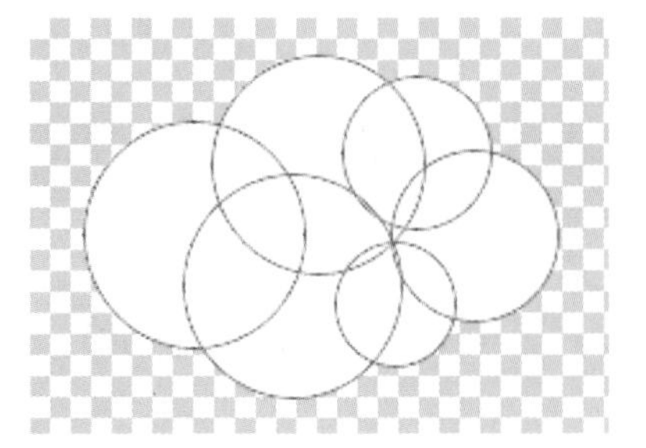

图 3-2-10　字母按键形状

为图层添加内阴影和投影图层样式。内阴影颜色值为#61c0ff，不透明度设为 35%，取消勾选“使用全局光”复选框，角度设为-90 度，距离设为 11 像素，大小设为 23 像素。投影颜色值为#3685b9，混合模式为正常，不透明度设为 75%，角度设为 90 度，距离设为 4 像素，大小设为 11 像素，如图 3-2-11 所示。字母按键完成效果如图 3-2-12 所示。

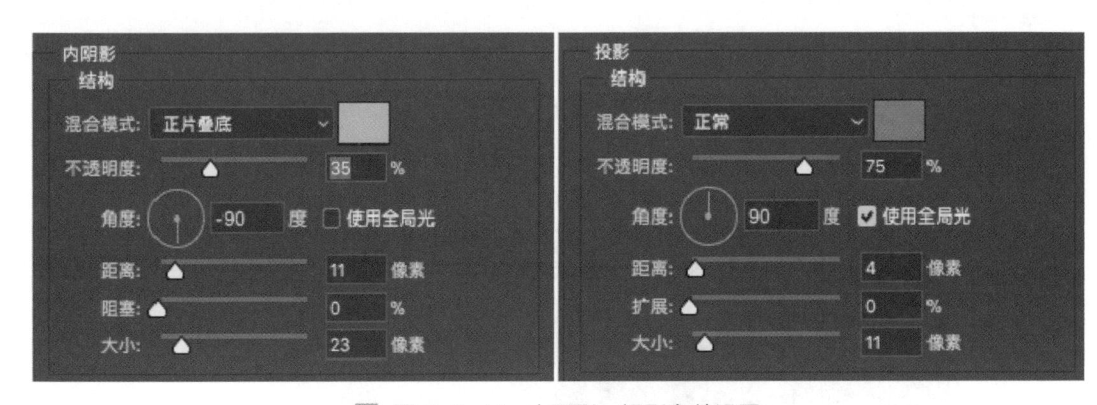

图 3-2-11　内阴影、投影参数设置

图 3-2-12　字母按键效果

按键的注意事项

（1）每个按键的视觉区不宜太小，以免影响点击的视觉范围；同时，应尽量避免不必要的阴影和异形设计。

错误示例：按键过小，影响点击的视觉范围；前景字已快溢出边缘，如图 3-2-13 所示。

图 3-2-13　错误示例（1）

（2）按键的前景字不能超过按键背景视觉范围，也不要紧贴边缘，应在有效视觉区内正常显示。

错误示例：数字偏上，正常的应该在边框内，如图 3-2-14 所示。

图 3-2-14　错误示例（2）

（3）按键背景（特别是功能键）若为异形或设计得较为复杂，前景（字体或贴图）要和背景风格保持一致，以免看不清楚；尽量将前景、背景设计融合为一体，以免生硬。

（4）原则上，不可隐藏默认键盘上的所有前景（字体或者贴图），若与背景设计为一体，需要明确表现该按键功能，如删除键可以用【×】表示，但是不可以用【√】表示；且元素不能过小，应尽量还原默认大小。

（5）字母键只能使用字体，不能使用前景贴图；功能键可以使用前景贴图，但是需要满足上述第（3）、（4）条。

错误示例：按键前景贴图都隐藏起来，且没有明确表达按键功能，如空格键被隐藏了，如图 3-2-15 所示。

图 3-2-15　错误示例（3）

正确示例：按键前景贴图虽然被隐藏了，但是背景设计中明确结合了功能属性，如 Enter 键，如图 3-2-16 所示。

图 3-2-16　正确示例

（6）点击/上划弹泡的背景不宜有太过复杂的设计，需要保证不同长度的字符清晰显示。

错误示例：9 键和 26 键的上划弹泡使用同一张背景图，但是 9 键键盘会拉宽比例，如图 3-2-17 所示。

（a）26 键键盘效果

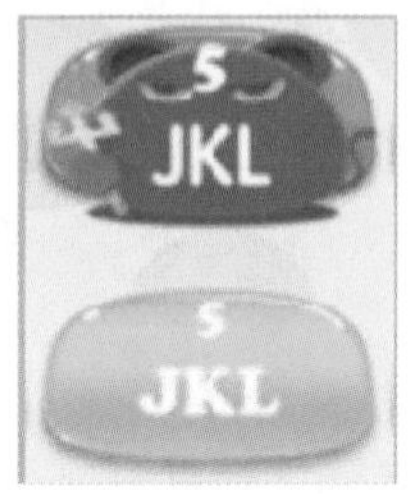

（b）9 键键盘效果被拉伸

图 3-2-17　错误示例（4）

步骤 03：显示【bg】图层，填充颜色值为#9fd1f2。

键盘大背景的注意事项

（1）键盘大背景要保证视觉区没有透明区域，当做圆角或异形设计时，要保证键盘大背景的 4 个角没有透明区域，如图 3-2-18 所示。

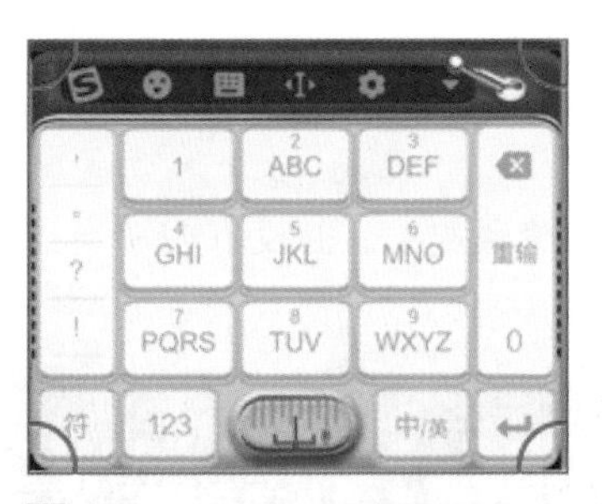

图 3-2-18　背景示例（1）

（2）键盘大背景尽量不要使用易拉伸变形的元素，因为不同分辨率的键盘比例不一致，但使用了同一张背景图，如图 3-2-19 所示。

图 3-2-19　背景示例（2）

步骤 04：显示并打开【前景字符】分组，选中【数字字符】和【字母】分组，添加颜色叠加图层样式，颜色值为#9fd1f2，如图 3-2-20 所示。

图 3-2-20　颜色叠加参数设置

图 3-2-21　绘制形状

步骤 05：隐藏其他图层，显示【回车键】图层，清除图层样式，选择【椭圆工具】，创建形状，尺寸为 130 像素×130 像素，填充颜色值为#ffffff。选择【路径选择工具】，选中形状，按组合键 Ctrl+Alt+T，按住 Shift+Alt 键缩小图标尺寸为 60 像素×60 像素，按住 Enter 键确认变形并得到形状。与“回车键”图层对齐后，取消“回车键”图层的可视性。绘制形状如图 3-2-21 所示。

为图层添加斜面和浮雕、内发光和投影图层样式。斜面和浮雕大小设为 13 像素，软化设为 16 像素，高光颜色值为#fdc9b6，阴影颜色值为#cc410e，如图 3-2-22 所示。

内发光颜色值为#ffffff，大小设为 4 像素，如图 3-2-23 所示。

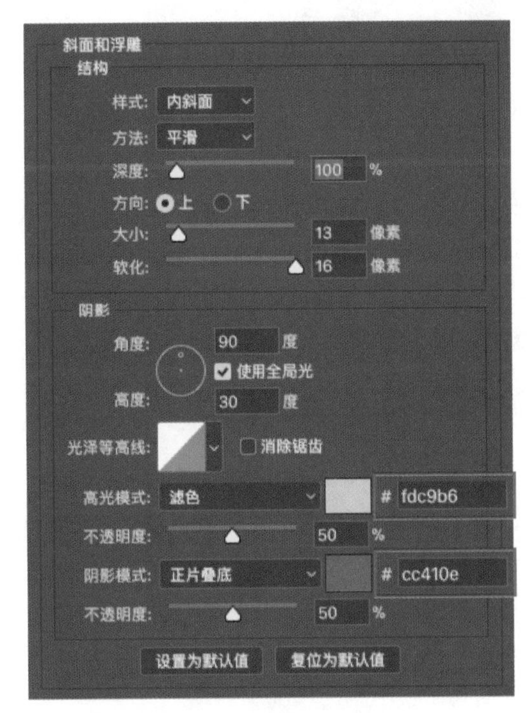

图 3-2-22　斜面和浮雕参数设置

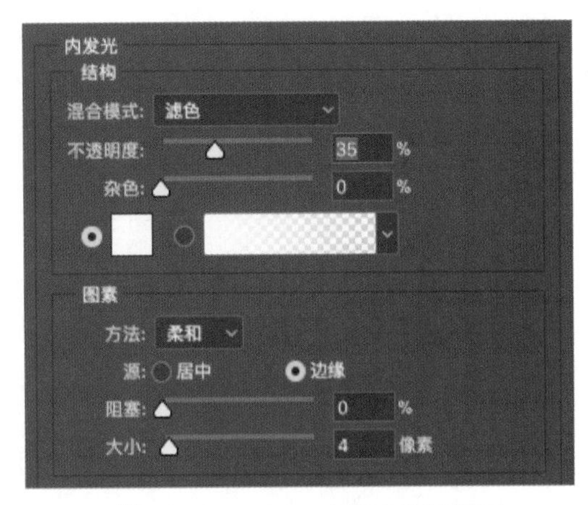

图 3-2-23　内发光参数设置

投影混合模式改为正常，颜色值为#ac2803，距离设为 2 像素，大小设为 6 像素，如图 3-2-24 所示。完成效果如图 3-2-25 所示。

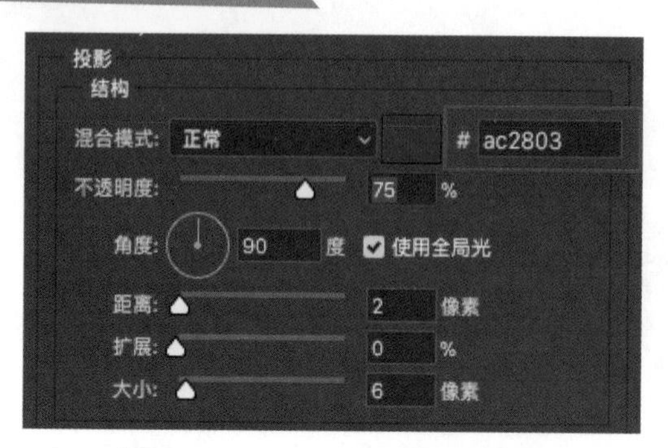

图 3-2-24　投影参数设置

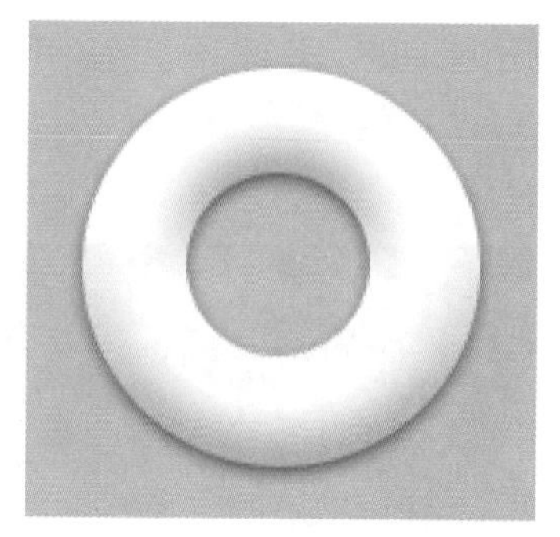

图 3-2-25　完成效果

步骤 06：选择【矩形工具】，绘制矩形，尺寸为 78 像素×168 像素，填充颜色值为#ed6d47。选择【直接选择工具】，选中矩形下方的两个锚点，按组合键 Ctrl+T 并右击，在弹出的快捷菜单中选择“水平翻转”选项。选择【路径选择工具】，选中形状，按组合键 Ctrl+Alt+T 并右击，在弹出的快捷菜单中选择“旋转 90 度”选项。按组合键 Ctrl+Alt+G 创建剪贴蒙版，完成后的效果如图 3-2-26 所示。

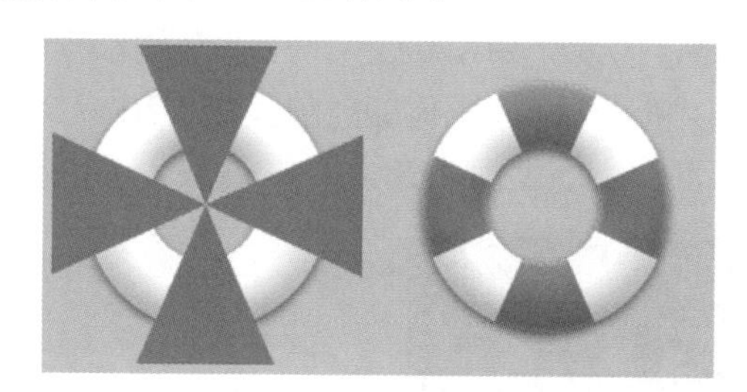

图 3-2-26　完成后的效果

步骤 07：隐藏其他图层，显示【工具栏】分组，选中【背景条】图层并清除图层样式，填充颜色值为#9fd1f2。选择【椭圆工具】，创建形状，填充颜色值为#ffffff，绘制形状，如图 3-2-27 所示。

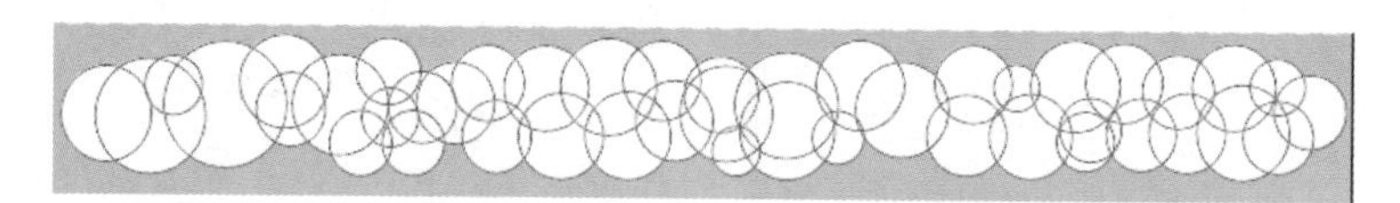

图 3-2-27　工具栏形状绘制

选中【字母按键】图层并右击，在弹出的快捷菜单中选择“复制图层样式”选项，选中工具栏图层并粘贴图层样式，效果如图 3-2-28 所示。

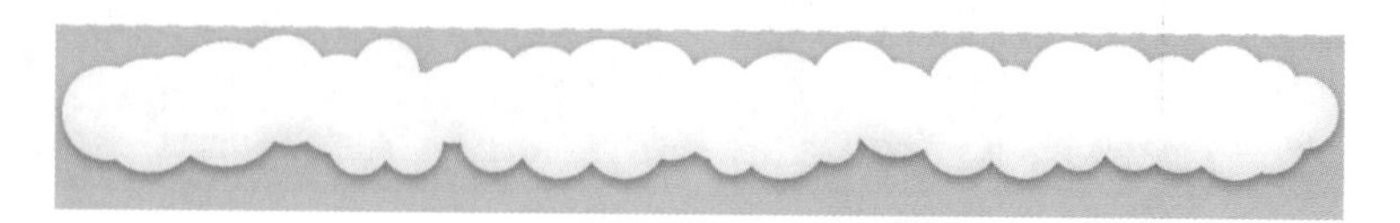

图 3-2-28　复制图层样式

选中【字母】分组并右击，在弹出的快捷菜单中选择“复制图层样式”选项，选中【ICON】分组并粘贴图层样式，效果如图 3-2-29 所示。

图 3-2-29　工具栏完成效果

候选区的注意事项

（1）候选条 ICON 颜色明显，在视觉区上下居中，不宜偏上或偏下，默认状态的 ICON 要完整展示，不能出现半个的现象。

错误示例：候选条图标偏上，且红框处的图标只有半个，如图 3-2-30 所示。

图 3-2-30　错误示例（1）

（2）第一个字符距离左侧边缘区域应与默认皮肤保持一致，且在视觉区中上下居中，避免过度占用左右两侧的空间。

错误示例：拼音区、云候选区超过了视觉显示区，导致看不清楚，如图 3-2-31 所示。

图 3-2-31　错误示例（2）

错误示例：如图 3-2-32 所示，第一个候选字距离左侧边缘太远，其在编辑器中的设置值应该为 0。

图 3-2-32　错误示例（3）

（3）首选项/非首选项字体颜色应有明显区分，首选项相对为高亮色。

错误示例：如图 3-2-33 所示，首选字“搜狗”与其他非首选字的颜色相近，没有高亮色。

图 3-2-33　错误示例（4）

（4）候选条 ICON 使用默认 ICON 灌色处理，不要替换图片，减少后续维护成本。

（5）候选条整体设计简洁，不宜有过多装饰物，整体不要有过多的颜色变化，确保候选字清晰可见，不影响输入。

错误示例：如图 3-2-34 所示，候选条设计得过于冗余，有两个明显的颜色过渡，导致分辨候选字比较费力。

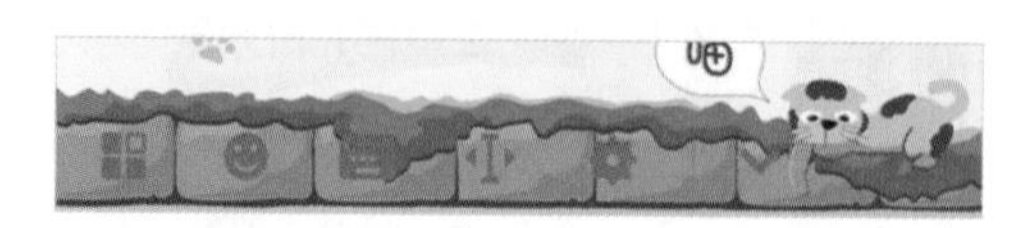

图 3-2-34 错误示例（5）

错误示例：如图 3-2-35 所示，候选条装饰过多，红白两色是明显的颜色变化。

图 3-2-35 错误示例（6）

正确示例：候选条设计简洁，候选字清晰可见，如图 3-2-36 所示。

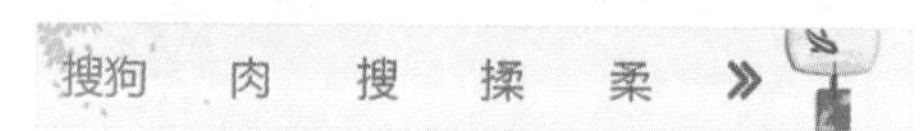

图 3-2-36 正确示例

（6）候选条左侧不能有任何主体形象，右侧主体形象宽度不超过 220 像素，高度不超过 200 像素，确保键盘不过高；避免极小的右侧形象凸起，若非必要，可缩小至候选区范围内；若特殊情况，右侧形象较高，则可将候选条整体上拉平铺，避免因异形造成左侧留白过多。

错误示例：右侧形象过大，如图 3-2-37 所示。

图 3-2-37 错误示例（7）

（7）候选条不宜有圆角设计，上下也不宜有镂空及阴影设计，避免视觉区的透明图片被填色。

错误示例：候选条为异形设计，透明区域被填色，如图 3-2-38 所示。

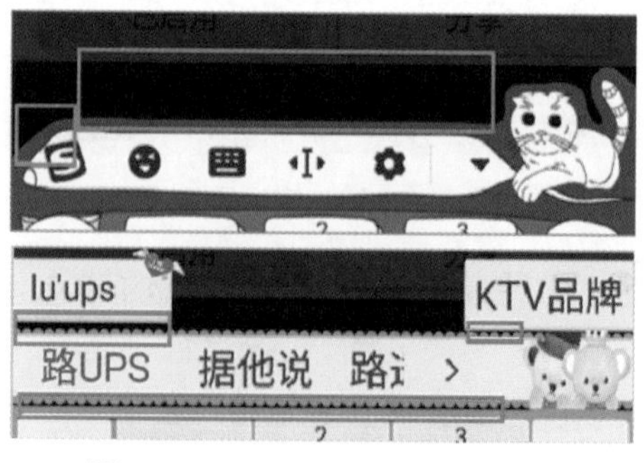

图 3-2-38 错误示例（8）

（8）拼音区、云候选区和候选条之间不要有间隙，避免上方悬空；拼音区、云候选区也不能与候选条重叠，两部分应无缝连接。

错误示例：上下有间隙，上方悬空，如图 3-2-39 所示。

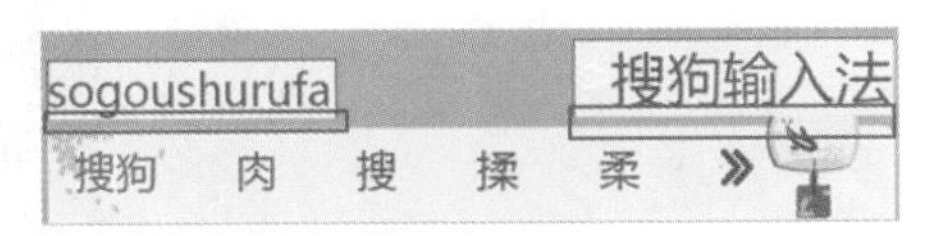

图 3-2-39 错误示例（9）

错误示例：拼音区、云候选区和候选条重叠，如图 3-2-40 所示。

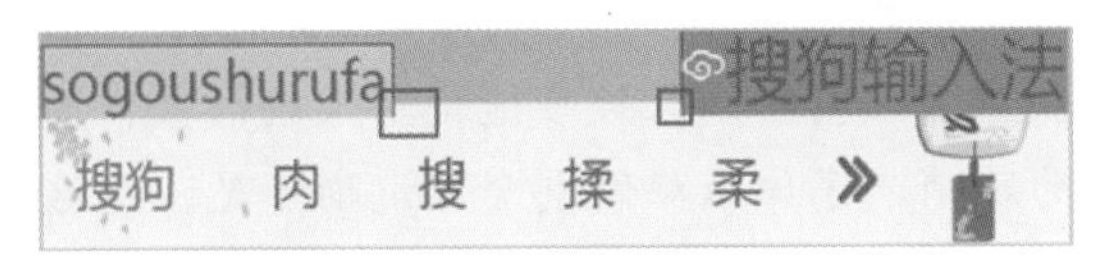

图 3-2-40 错误示例（10）

（9）拼音区和云候选区的高度应和默认皮肤保持一致，不能调整字体大小；且背景图的最左和最右均贴边，不要有错位。

错误示例：拼音区距离左侧有间隙，如图 3-2-41 所示。

图 3-2-41 错误示例（11）

综合以上注意事项，正确示例如图 3-2-42 所示。

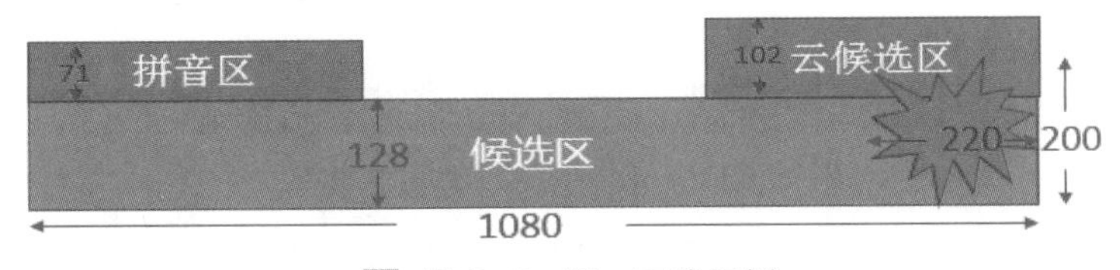

图 3-2-42 正确示例

步骤 08：按照相同的方法完成其他按键的设计，最后打开【切图模版】分组的视图，检查各按键的投影或外发光效果是否有超出范围的，根据实际情况适当调整图层大小、位置或图层样式的数值即可。

1. 其他界面的注意事项

（1）原则上，需要保证一款皮肤的所有界面显示正常、字符清晰可见且美观大方。

（2）实际中，必须保证符号界面、功能弹层、拼音串编辑状态、界面字符清晰可见且美观大方，不影响正常使用；在手写、键盘调节功能状态中，不影响正常使用，如图 3-2-43 所示。

（a）正常效果

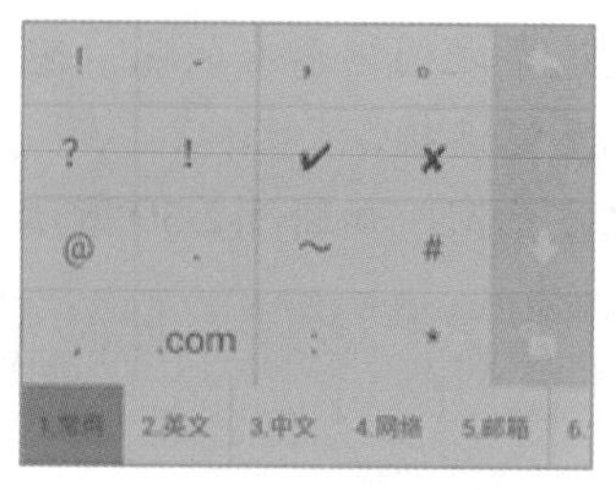

（b）不美观大方但可见

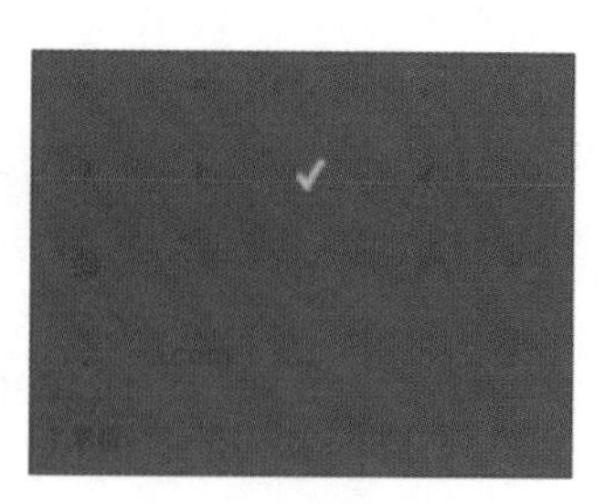

（c）看不清楚

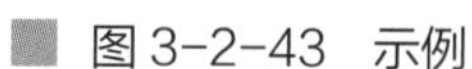

图 3-2-43　示例

2. 特例

（1）影视明星类皮肤：为吸引受众，较多地使用人物形象作为大背景，且按键呈透明状的情况，所以画面较为花哨，字体很难做到全部清晰可见。在这种情况下，可放宽一定限度，保证字体基本可见，不影响正常使用即可。

（2）合作类皮肤情况一：有一部分合作类皮肤会将 Logo 放在空格键上，需要隐藏空格键前景字，但是因为空格键为常用按键，不太会误点，所以可以适当放宽限制以隐藏前景。

（3）合作类皮肤情况二：有一部分合作类皮肤有强烈的形象露出需求，所以安卓系统皮肤候选条右侧形象的限制可适当放宽，但不可超过 300 像素。

步骤 09：按下的效果不需要太大改动，在已经设计好的基础上可以复制图层，微调后即可得到按下的效果，如图 3-2-44 所示。例如，可以改变渐变的方向、改变图层样式的角度或改变形状的颜色。当然，也可以根据自己的设计理念进行更大胆的设计。

图 3-2-44　未按下与按下效果

专家讲

注意事项：

（1）手机皮肤编辑器支持九段拉伸/平铺（除拼音区、候选区、云候选区之外，其他区域只支持拉伸），所以源文件尺寸只做参考，在平铺和拉伸的区域可相应地缩小设计尺寸。

（2）设计完成后，按照要求切出每张图片，保存为 PNG 格式。

（3）新版编辑器在字母键和功能键上支持统一上传背景图片和分别上传背景图片功能，实际操作时可以将按键的背景设计成多种样式。需要注意的是，文字颜色不支持分别上传，所以设计时要考虑到各背景与文字颜色是否合适。

（4）26 键的设计与 9 键类似，只需要在 9 键的基础上进行微调即可。

3. 拓展任务

（1）收集手机输入法素材，分类保存输入法素材（可以文件夹进行分类），这样能提高审美和欣赏水平。

（2）完成剩余按键的整体设计，如图 3-2-45 所示。

图 3-2-45　剩余按键的整体设计

任务 2　搜狗输入法测试与发布

1. 设计要点

（1）注意事项：需要检查内容是否全部完成，存储格式是否正确，以及图片大小是否符合要求。切图时应注意及时对保存好的图片进行重命名，并且应该按照图片的内容进行清晰的命名。上传时需要确保每一项内容都已经按要求完成。上传完成后，需要在自己的手机上查看实际效果。

（2）技能提炼：

① 对规范的理解；

② 切片工具的熟练使用。

2. 操作步骤

步骤 01：以本项目任务 1 完成的案例为例进行切图。打开设计完成的【安卓 9 键.psd】文件，显示所有按键的图层，对其他图层进行隐藏视图操作。选择【切片工具】，显示【切图模板】分组，根据颜色模块的范围划出各按键的切片。完成后隐藏【切图模板】分组，如图 3-2-46 所示。

步骤 02：按组合键 Ctrl+Alt+Shift+S，打开存储为 Web 格式窗口，格式选择 PNG-24，按住 Shift 键将需要的切片都选中，如图 3-2-47 所示。

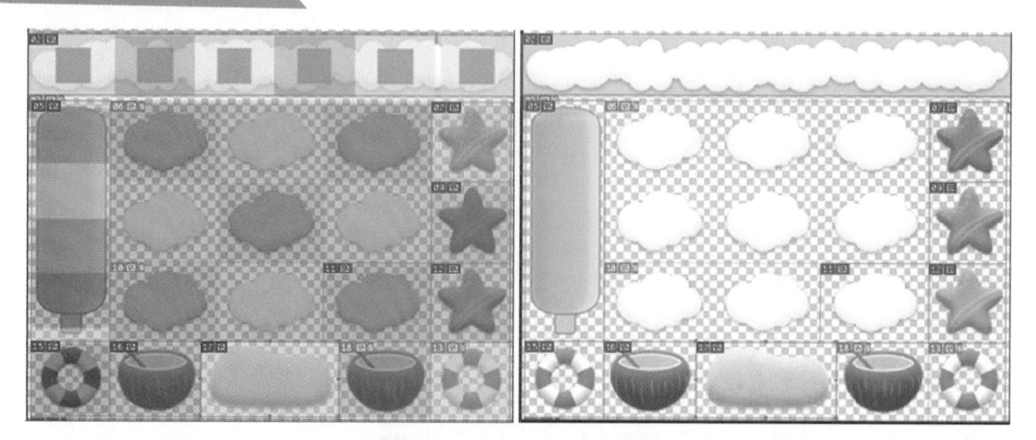

图 3-2-46　按键切图

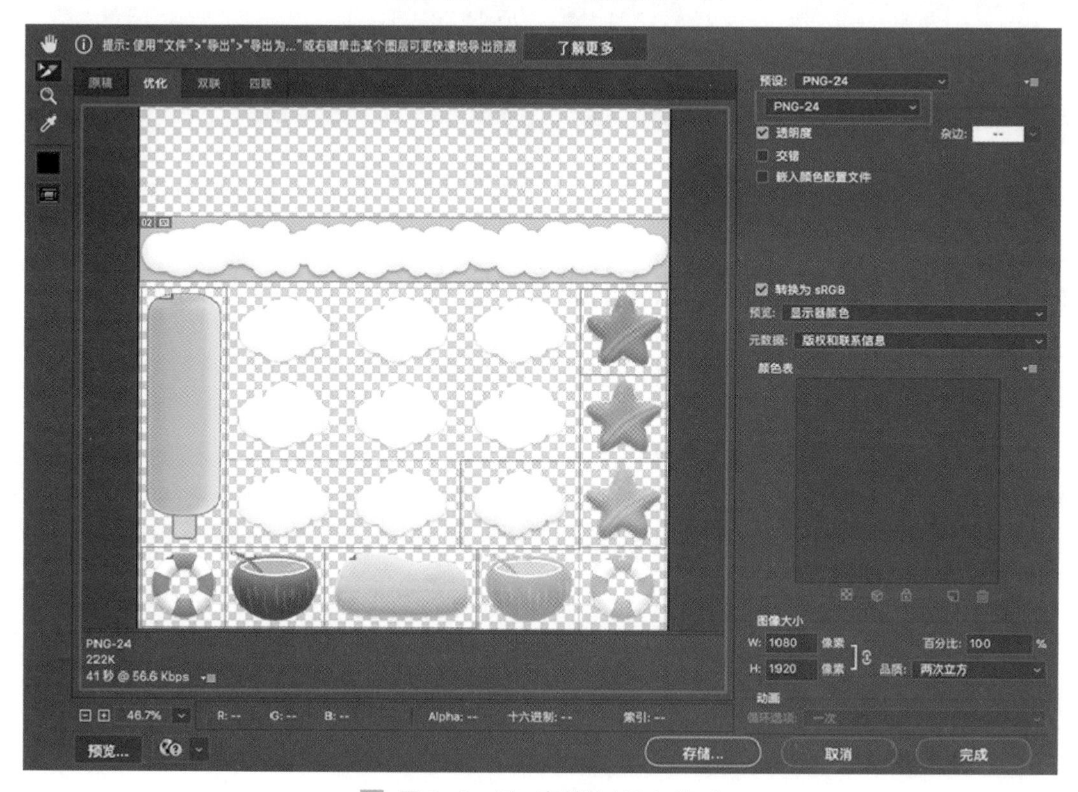

图 3-2-47　存储为 Web 格式

切片被选中时边框为黄色，未被选中时边框为蓝色。

选择保存位置，在“切片”下拉列表中选择【选中的切片】选项，如图 3-2-48 所示。单击“存储”按钮后生成 images 文件夹，对切好的图片进行重命名操作，避免再次切图后图片被替换。

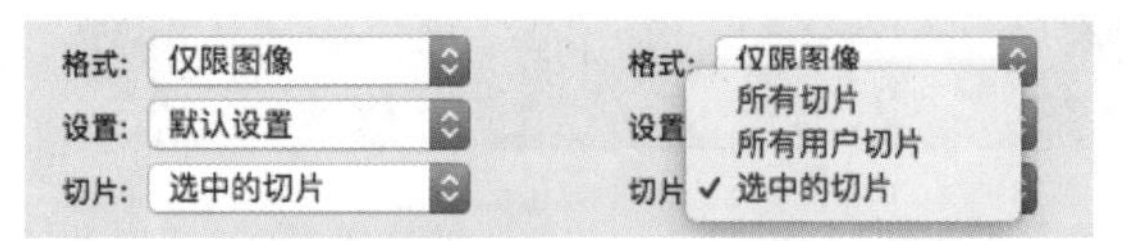

图 3-2-48　选中的切片

步骤 03：使用同样的方法，对按下效果以及其他模块的按键或背景完成切片。全部图片根据内容进行重命名，注意将输入法的 9 键和 26 键模式区分开，如图 3-2-49 所示。

图 3-2-49　全部切片

步骤 04：可以登录搜狗输入法手机版的官方网站自行下载皮肤编辑器，其兼容 Windows 和 Mac 系统。打开皮肤编辑器后单击“新建皮肤”按钮，如图 3-2-50 所示。

图 3-2-50　新建皮肤

默认新建的皮肤是安卓 1080 分辨率的，如图 3-2-51 所示。

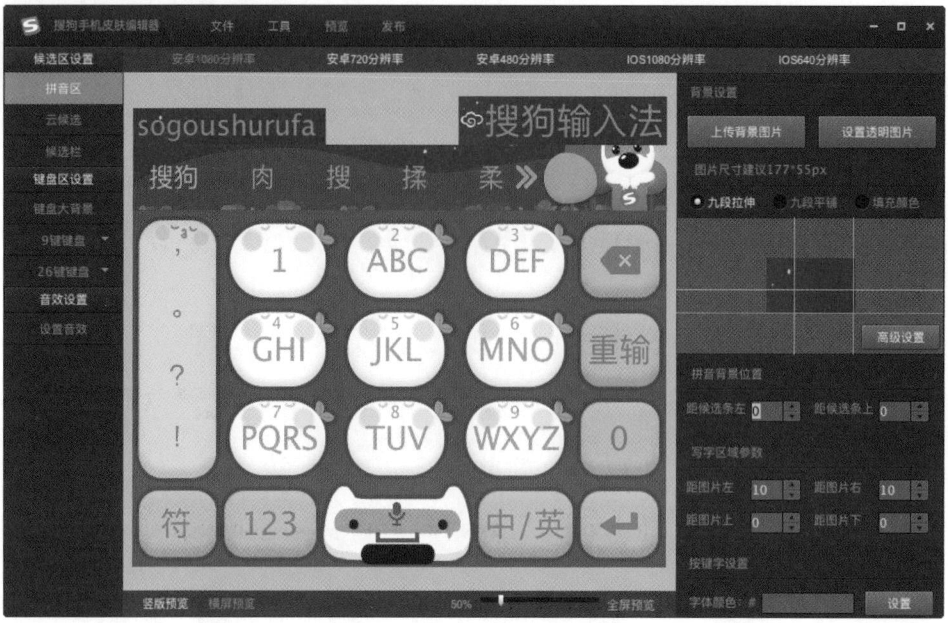

■ 图 3-2-51　新建的皮肤

步骤 05：在左侧窗格中选择【9 键键盘】选项，选择 A～Z 字母键，在右侧窗格中单击【统一上传背景图片】按钮，选择切好的字母按键图片，字体颜色值为#9fd1f2，如图 3-2-52 所示。

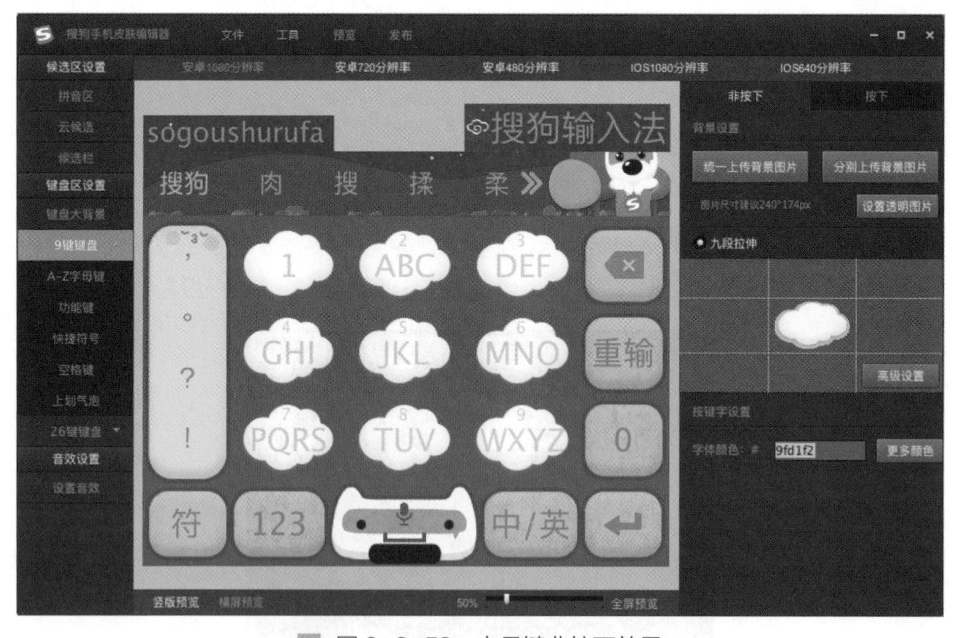

■ 图 3-2-52　字母键非按下效果

选择【按下】标签，单击【统一上传背景图片】按钮，选择切好的字母按键按下图片，字体颜色值为#ffffff，如图 3-2-53 所示。当光标划过按键后即可预览字母按键按下后的效果。

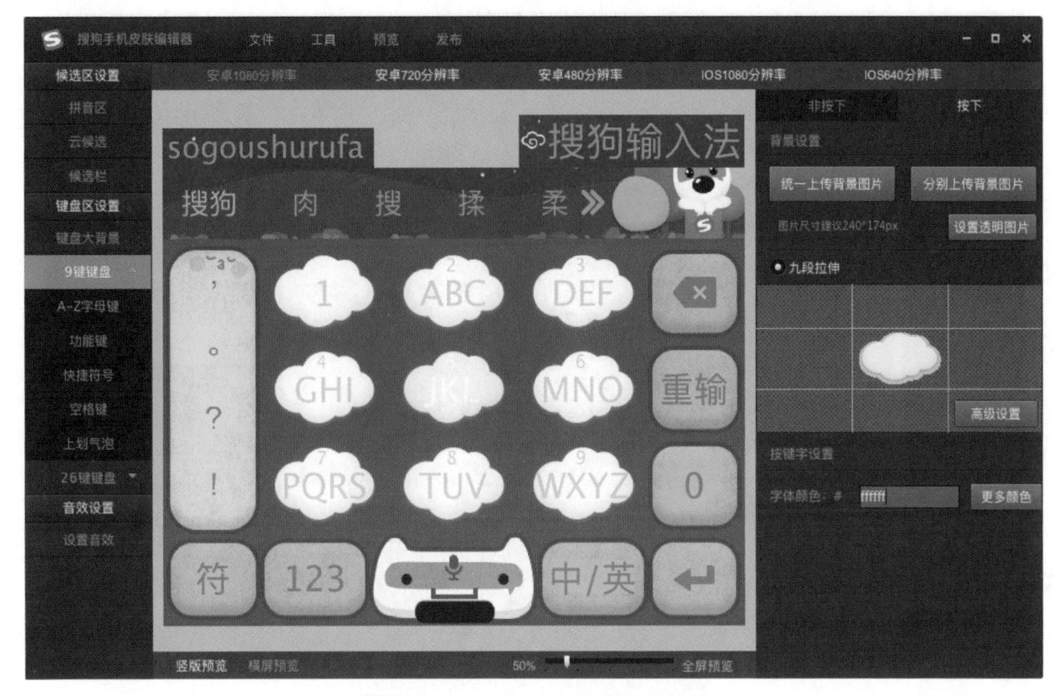

图 3-2-53　字母键按下效果

步骤 06：选择功能键，单击【分别上传背景图片】按钮，根据位置分别上传功能键图片，如图 3-2-54 所示，字体颜色值为#ffffff。

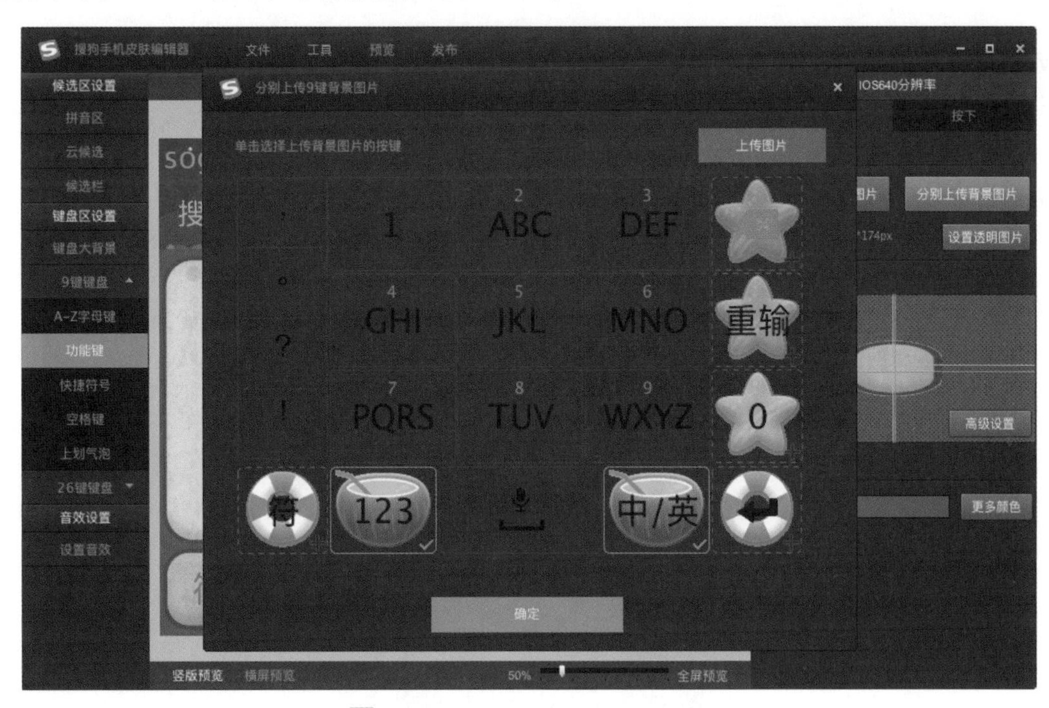

图 3-2-54　功能键非按下步骤

选择【按下】标签，单击【分别上传背景图片】按钮，选择切好的功能键按下图片，字体颜色值为#ffffff，如图 3-2-55 所示。

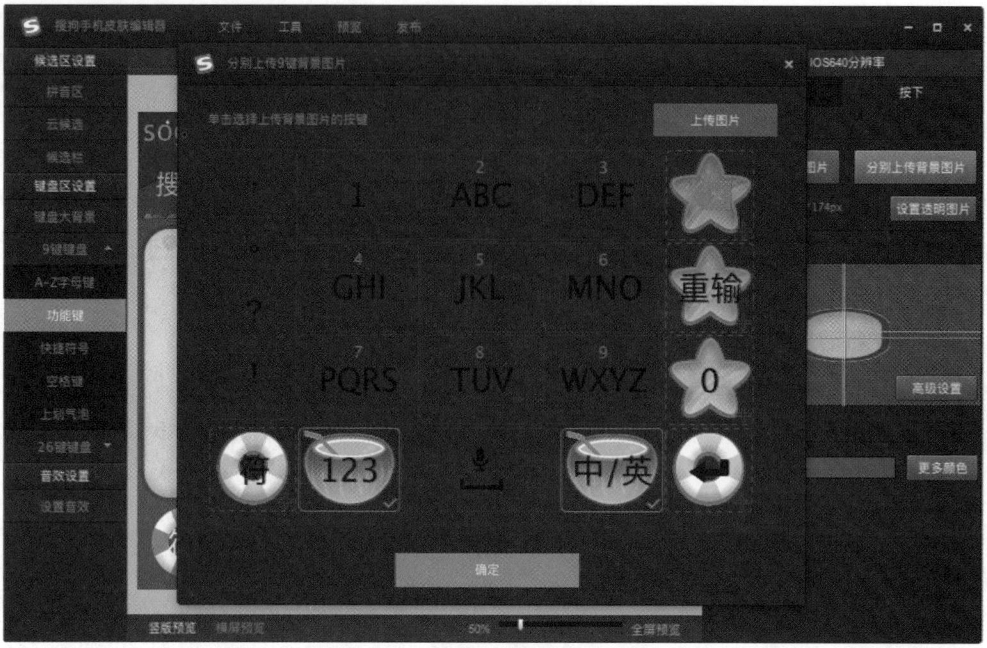

■ 图 3-2-55　功能键按下效果

步骤 07：选择键盘大背景，在右侧选择“填充颜色”选项，单击“设置”按钮，弹出颜色设置对话框，选择“RGB（G）”标签，在“颜色代码”文本框中输入“9FD1F2”，如图 3-2-56 所示。单击“确定”按钮后完成键盘大背景设置。

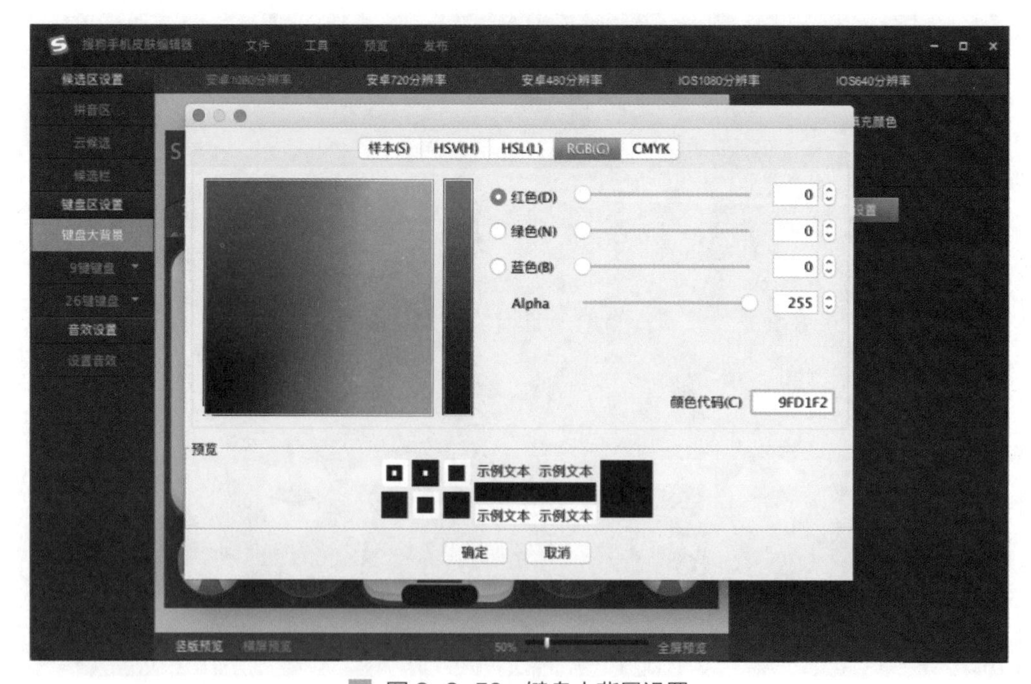

■ 图 3-2-56　键盘大背景设置

步骤 08：使用同样的方法，根据标签标明的内容进行逐项上传，完成上传后单击其他分辨率按钮并选择复制，如图 3-2-57 所示。复制完成后需要检查各页面的效果是否符合预期，并根据实际情况进行微调。

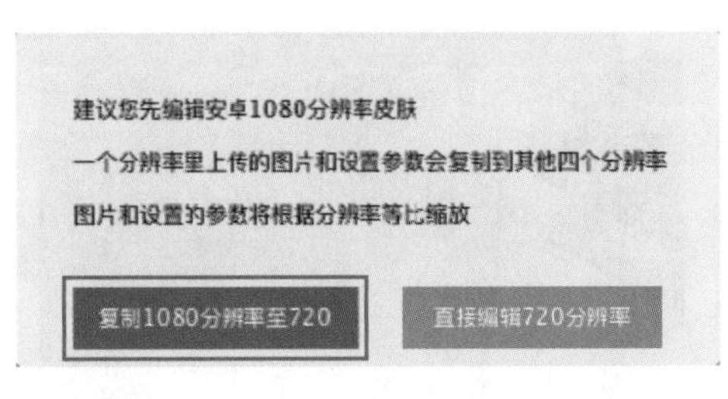

图 3-2-57　复制到其他分辨率

设置完成后，选择【文件】→【另存为】选项进行存储，存储后将得到一个 SSF 格式的文件。

专家讲

（1）关闭编辑器时不会提示保存，所以上传过程中需要注意及时保存，可以选择【文件】→【保存】或【另存为】选项进行存储。

（2）目前，搜狗输入法 iSO 端的设计还未开放给所有外部设计师，所以只需要制作适用于安卓系统的 3 种分辨率的输入法皮肤即可。

（3）在安卓手机上下载并安装搜狗输入法，使用数据线将保存好的 SSF 格式的文件传输到手机上。在手机上打开搜狗输入法，选择【我的】→【我的皮肤】→【我的下载】选项，选中完成的作品后即可在自己的手机上使用输入法皮肤。

步骤 09：上传时需要先登录网站 https://shouji.sogou.com/skin.php。单击【上传皮肤】按钮，注册账号后登录并完善注册信息，如图 3-2-58 所示。手机皮肤效果图上传成功后，官方工作人员将在 3 个工作日内与创作者联系。

图 3-2-58　上传页面

步骤 10：完成上传后，手机使用效果如图 3-2-59 所示。

图 3-2-59 手机使用效果

3. 拓展任务

根据之前所学的内容，自己确定主题后设计一整套输入法皮肤内容，保存并上传，检查后提交。输入法皮肤的风格不限，一周内完成即可。

项目 3

移动端界面设计

知识导入

1. 移动端界面

随着移动端互联网的发展，智能手机已经融入了人们生活的各项活动，不同类型的 App 使人们的生活变得更加丰富多彩。然而，这些看起来比较简单的 App，都是由一个庞大的团队分工明确、密切合作、共同完成的。产品开发通常要经历以下几个典型阶段：市场分析、确定产品需求及功能、交互原型设计、视觉设计、前端开发、程序开发、用户评估、产品测试及上线等。本项目主要介绍产品开发过程中的视觉设计阶段。视觉设计是非常重要的一个环节，决定了用户在使用产品时对产品的第一印象，舒服的颜色、有趣的排版、合适的间距大小、一致的风格等，能大大提高产品的用户体验。

图 3-3-1 和图 3-3-2 分别展示的是勇士部落 App 产品界面和手工派 App 产品界面。

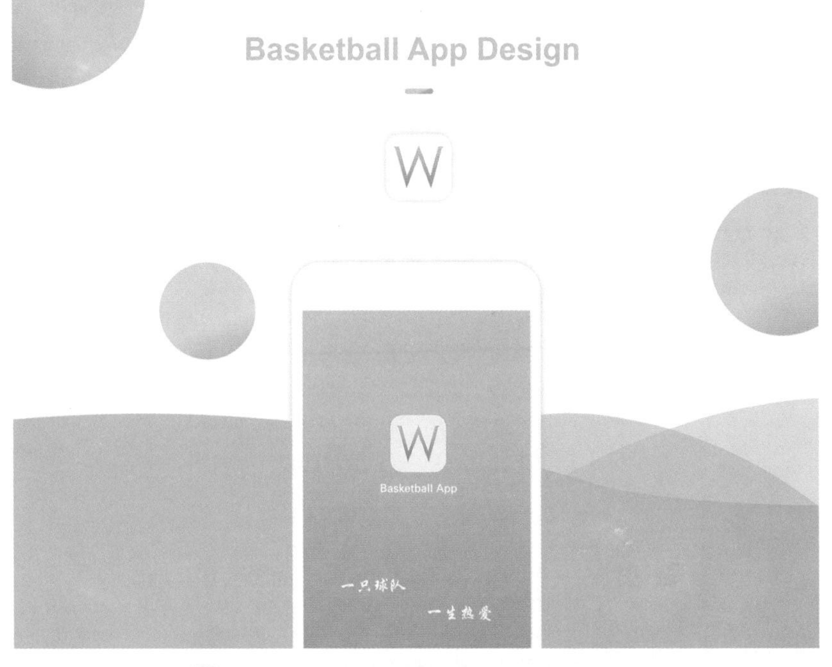

图 3-3-1　勇士部落 App 产品界面展示

Color

颜色以产品Logo为基准，蓝色为主色，其他为辅色应用到其他场景，用渐变减少枯燥感，提升层次感

Player Data

数据界面，显示勇士球员的的基本信息可点击进入详情

图 3-3-1　勇士部落 App 产品界面展示（续）

Player Data

数据界面，显示勇士球员的的基本信息可点击进入详情

图 3-3-1　勇士部落 App 产品界面展示（续）

Icon Set

图标总集

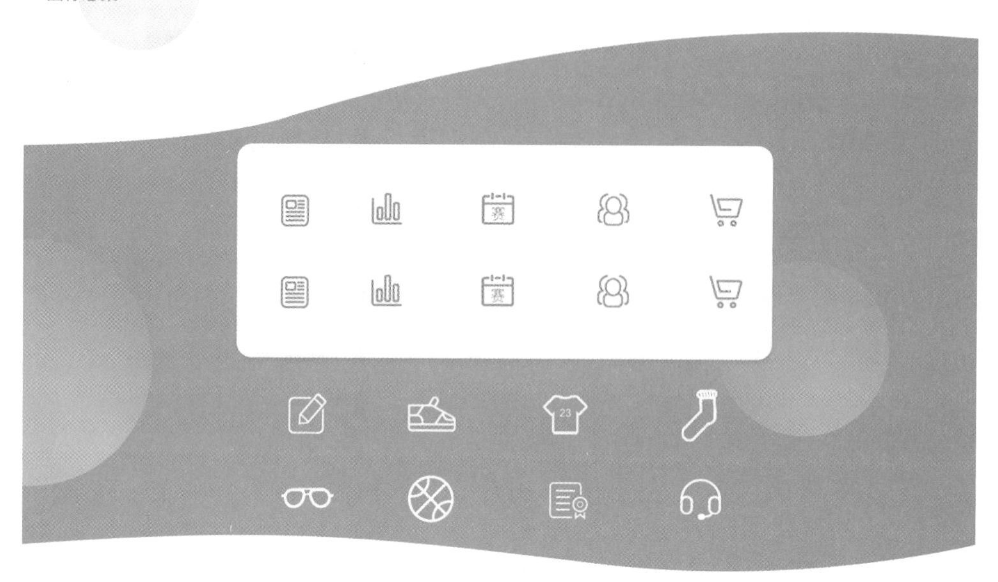

Other Page show

界面展示

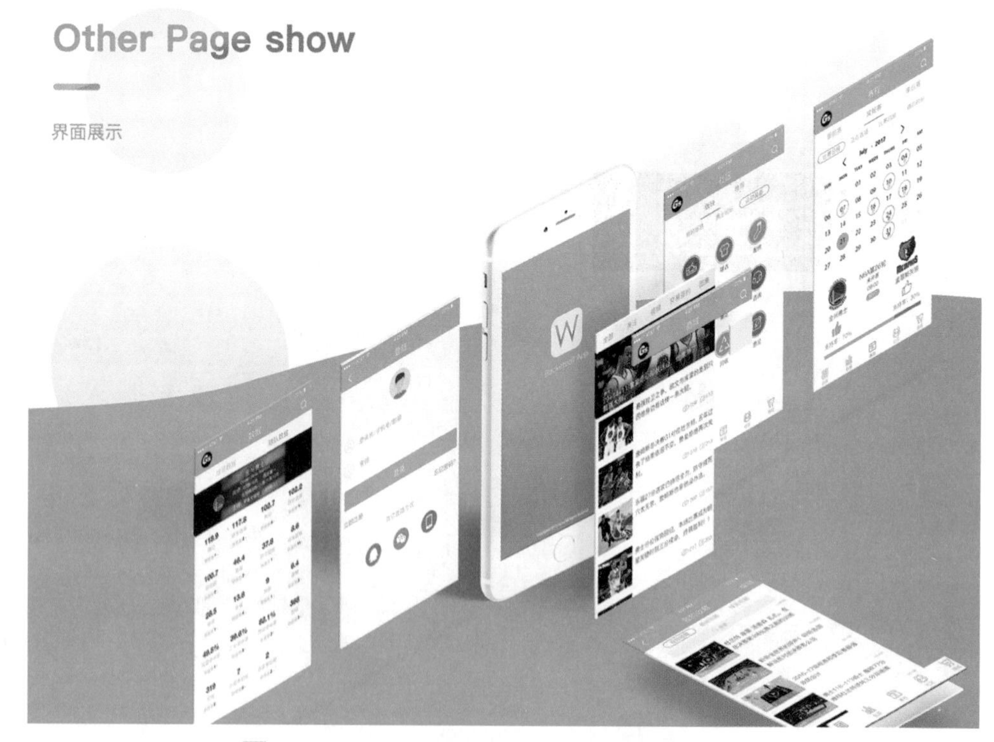

图 3-3-1　勇士部落 App 产品界面展示（续）

手工派

HAND - MADE

THE FIRST BUZZ~

hi，大家好，最近迷上了DIY美食和模型制作，且从小就喜欢拆装捣鼓些小玩意,所以针对手工爱好者做了一款手工skill交流及DIY作品分享类App练习~

设计理念

好的创意需要分享，传统工艺需要发扬，
汇聚所有智慧结晶，让你生活更加带劲！

首页

HOME PAGE

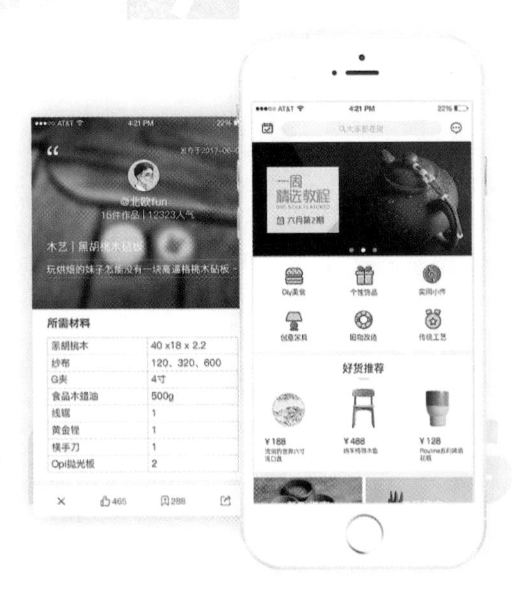

图 3-3-2 手工派 App 产品界面展示

小铺

SHOP

个人

PERSON

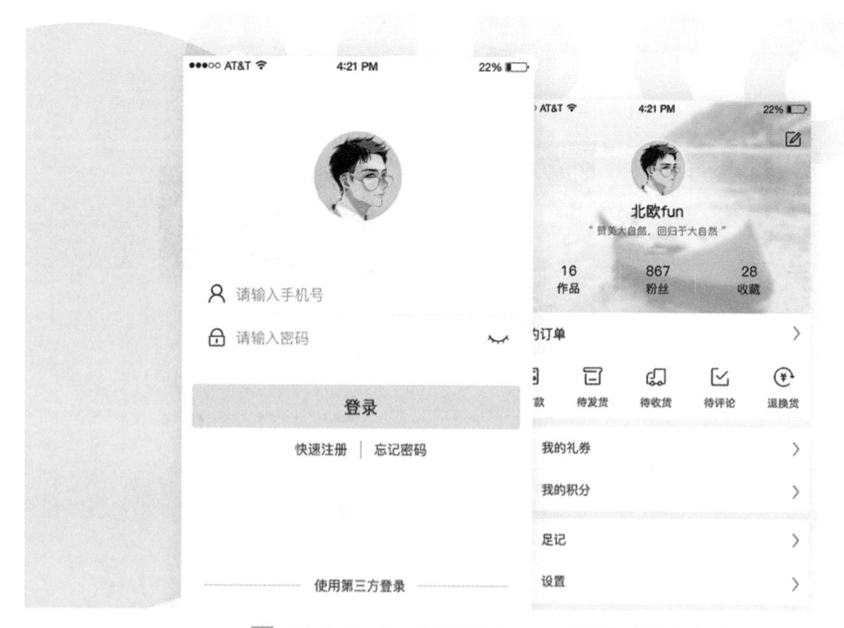

图 3-3-2 手工派 App 产品界面展示（续）

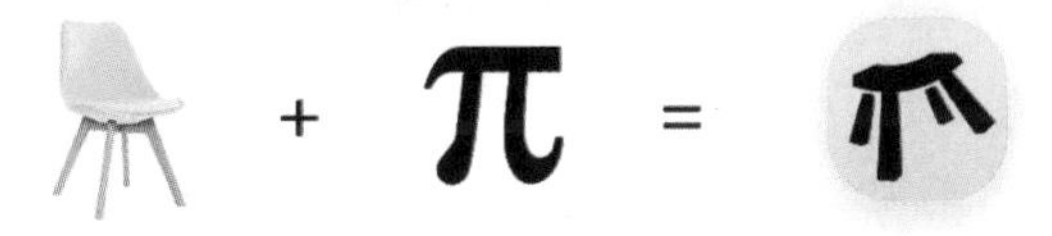

ICONS

LINEAR ICON

图 3-3-2　手工派 App 产品界面展示（续）

2. 移动端界面的设计规范

目前，市场上的移动端平台种类有很多，但最主流的平台有 3 个：iOS 、Android、Windows Phone。面对不同的系统、手机型号，界面尺寸会有所不同，设计师在设计之前需要了解不同的界面尺寸。不同的智能系统会有自己的人机交互指南，在这些尺寸的基础上加以变化，即可创造出更多的设计效果。

1）iPhone 的设计规范

（1）iPhone 的界面组成：iPhone 的界面一般由 4 个区域组成，分别是状态栏、导航栏、标签栏和中间的内容区域，如图 3-3-3 所示。

图 3-3-3 iPhone 的界面组成

（2）iPhone 的界面尺寸规范：iPhone 的界面尺寸如图 3-3-4 所示。

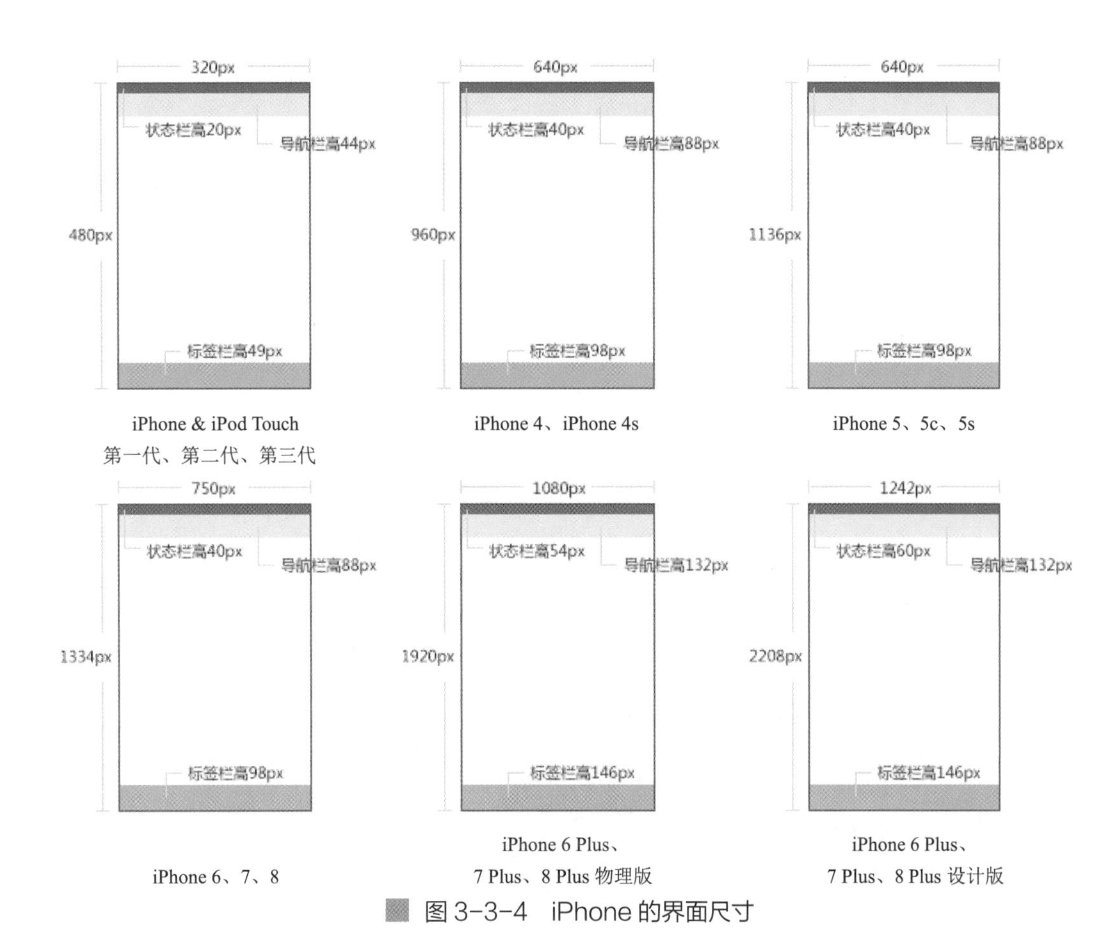

图 3-3-4　iPhone 的界面尺寸

其具体的尺寸参数如表 3-3-1 所示。

表 3-3-1　iPhone 的界面尺寸参数

设　　备	分　辨　率	PPI	状态栏高度	导航栏高度	标签栏高度
iPhone 6 Plus、7 Plus、8 Plus 放大版	1125 px×2001px	401PPI	54px	132px	146px
iPhone 6 Plus、7 Plus、8 Plus 设计版	1242 px×2208px	401PPI	60px	132px	146px
iPhone 6 Plus、7 Plus、8 Plus 物理版	1080 px×1920px	401PPI	54px	132px	146px
iPhone 6、7、8	750 px×1334px	326PPI	40px	88px	98px
iPhone 5、5c、5s	640 px×1136px	326PPI	40px	88px	98px
iPhone 4、4s	640 px×960px	326PPI	40px	88px	98px
iPhone & iPod Touch 第一代、第二代、第三代	320 px×480px	163PPI	20px	44px	49px

（3）iPhone 的图标尺寸规范：iPhone 平台中的图标尺寸如图 3-3-5 所示。

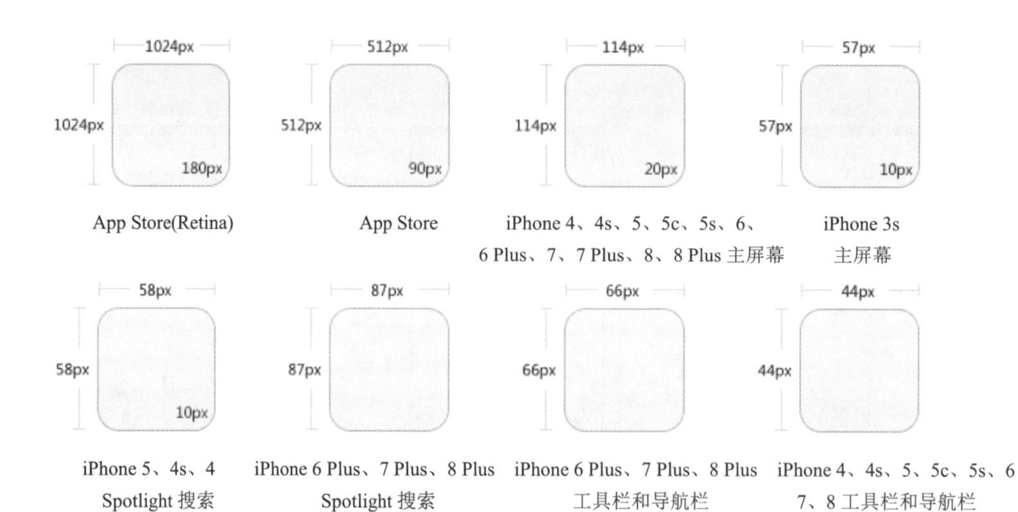

图 3-3-5　iPhone 的图标尺寸

具体的 iPhone 图标实例如图 3-3-6 所示。

图 3-3-6　iPhone 的图标实例

其具体的图标尺寸参数如表 3-3-2 所示。

除了上述区域图标，App 内部其他可点击的图标不能小于 44px。经过研究得出 ICON 在 44px 以上时手指点击成功率很高，小于 44px 时成功率较低。如果 ICON 想要尺寸小于 44px 以显得精致一些，则可以使切出的图片的尺寸是 44px，其也称为响应面积。

表 3-3-2　iPhone 的图标尺寸

设　备	App Store	程序应用	主屏幕	Spotlight 搜索	标签栏	工具栏和导航栏
iPhone 6 Plus、7 Plus、8 Plus（@3x）	1024 px×1024px	180 px×180px	152 px×152px	87 px×87px	75 px×75px	66 px×66px
iPhone 6、7、8（@2x）	1024 px×1024px	120 px×120px	152 px×152px	58 px×58px	75 px×75px	44 px×44px
iPhone 5、5c、5s（@2x）	1024 px×1024px	120 px×120px	152 px×152px	58 px×58px	75 px×75px	44 px×44px
iPhone 4、4s（@2x）	1024 px×1024px	120 px×120px	114 px×114px	58 px×58px	75 px×75px	44 px×44px
iPhone & iPod Touch 第一代、第二代、第三代	1024 px×1024px	120 px×120px	57 px×57px	29 px×29px	38 px×38px	30 px×30px

（4）iPhone 的字体大小：对于 UI 设计师来说，除了上述尺寸规范，还需对移动端的字体大小进行把控。下面简单介绍 iPhone 的字体设计规范，大家可以在此基础上进行调试，以达到更好的设计效果。

iPhone 的英文字体为 HelveticaNeue，中文字体一般为黑体-简、冬青黑体或苹方。基于 iPhone 6（750px×1334px）的设计尺寸，字体大小如表 3-3-3 所示。

表 3-3-3　iPhone 6 的字体大小

导航栏标题	38px（中等）	文章标题	36px（一般）
常规按钮	34px（一般）	内容主标题	30px（重要）
标　签	28px（常规）	内容副标题	24px（常规）

具体示例效果如图 3-3-7 所示。

图 3-3-7　iPhone 的字体大小（图片采编于 App Store）

2）iPad 的设计规范

（1）iPad 的界面尺寸如图 3-3-8 所示。

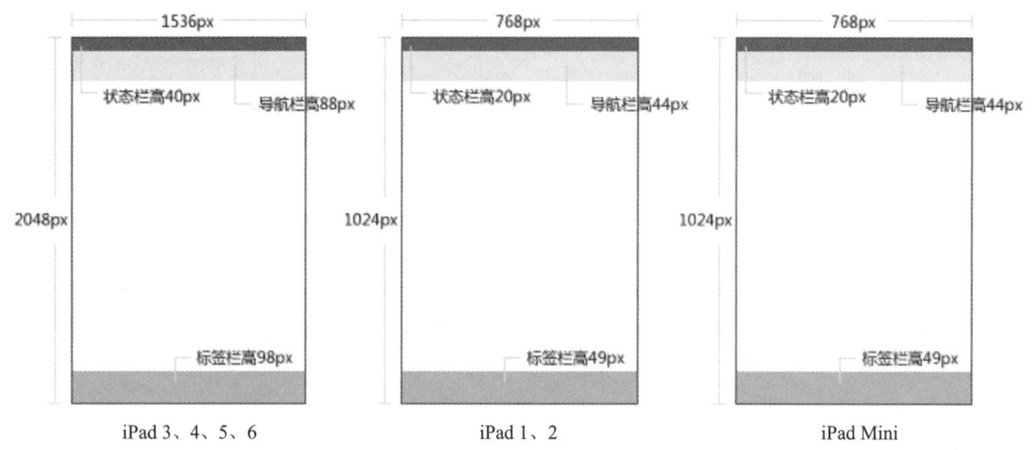

图 3-3-8　iPad 的界面尺寸

iPad 的具体尺寸参数如表 3-3-4 所示。

表 3-3-4　iPad 的具体尺寸参数

设　　备	分　辨　率	PPI	状态栏高度	导航栏高度	标签栏高度
iPad 3、4、5、6 Air、Air 2、Mini 2	2048 px×1536px	264PPI	40px	88px	98px
iPad 1、2	1024 px×768px	132PPI	20px	44px	49px
iPad Mini	1024 px×768px	163PPI	20px	44px	49px

专家讲

移动端文本最小不能低于 20px，所有字体要用偶数字号。为了区分标题与正文，字体大小差异至少为 4px，同时，可以进行颜色与粗细的多重区分。iPhone 6 Plus 一般在此基础上等比放大 1.5 倍即可。

（2）iPad 的图标尺寸如图 3-3-9 所示。

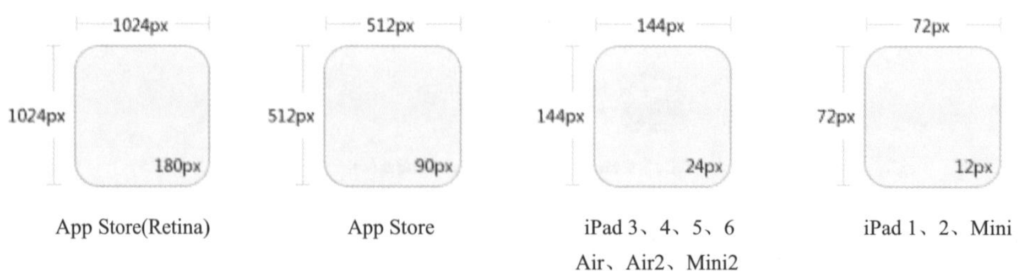

图 3-3-9　iPad 的图标尺寸

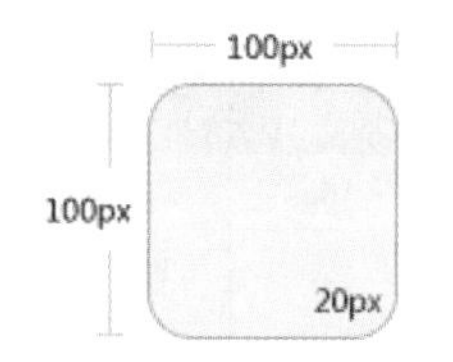

iPad 3、4、5、6
Air、Air 2、Mini 2

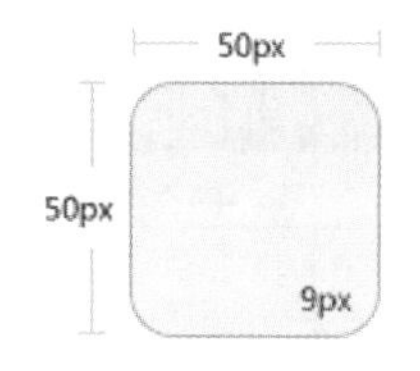

iPad 1、2、Mini

图 3-3-9　iPad 的图标尺寸（续）

iPad 图标的具体尺寸参数如表 3-3-5 所示。

表 3-3-5　iPad 图标的具体尺寸参数

设　备	App Store	程序应用	主 屏 幕	Spotlight 搜索	标 签 栏	工具栏和导航栏
iPad 3、4、5、6 Air、Air 2、Mini 2	1024 px×1024px	180 px×180px	144 px×144px	100 px×100px	50 px×50px	44 px×44px
iPad 1、2	1024 px×1024px	90 px×90px	72 px×72px	50 px×50px	25 px×25px	22 px×22px
iPad Mini	1024 px×1024px	90 px×90px	72 px×72px	50 px×50px	25 px×25px	22 px×22px

3）Android 系统的界面尺寸与分辨率

（1）Android 系统的界面尺寸：Android 系统机型非常多，涉及的尺寸也很多、很杂，但主流的主要有 480px×800px、720px×1280px、1080px×1920px。可以设计一套 720px×1280px 界面设计稿，生成对应的其他尺寸的图片资源即可。Android 系统 dp/sp/px 换算如表 3-3-6 所示。

表 3-3-6　Android 系统 dp/sp/px 换算

名　称	分 辨 率	比率（针对 320px）	比率（针对 640px）	比率（针对 750px）
idpi	240 px×320 px	0.75	0.375	0.32
mdpi	320 px×480 px	1	0.5	0.4267
hdpi	480 px×800 px	1.5	0.75	0.64
xhdpi	720 px×1280 px	2.25	1.125	1.042
xxhdpi	1080 px×1920 px	3.375	1.6875	1.5

分辨率是屏幕图像的精密度，指显示器所能显示的像素，显示的像素越多，画面就越精细，单位是 px，1px 等于 1 个像素点。分辨率一般以纵向像素乘以横向像素表示，如 1960px 乘以 1080px。PPI 是图像分辨率的单位，表示每英寸所包含的像素数目。因此，PPI 数值越高，显示屏能以越高的密度显示图像。当然，显示的密度越高，拟真度就越高。

（2）常见的 Android 的图标尺寸参数如表 3-3-7 所示。

表 3-3-7　常见的 Android 的图标尺寸参数

屏幕大小	启动图标	操作栏图标	上下文图标	系统通知图标（白色）	最细笔画
320px×480px	48px×48px	32px×32px	16px×16px	24px×24px	不小于 2px
480px×800px 480px×854px 540px×960px	72px×72px	48px×48px	24px×24px	36px×36px	不小于 3px
720px×1280px	48dp×48dp	32px×32px	16px×16px	24dp×24dp	不小于 2dp
1080px×1920px	144px×144px	96px×96px	48px×48px	72px×72px	不小于 6px

3. 移动端界面的配色技巧

色彩对于人的第一印象的形成往往非常重要，成功的配色能够将所想表达的信息快速准确地传达给受众，从而进行有效传达。

在移动端 UI 界面设计中通常会选取主色、辅助色、点睛色，其被称为三色搭配。三色搭配主要指在一个设计作品中颜色应保持在 3 种之内，而不是 3 个（拥有独立色值的颜色算作一个颜色），如图 3-3-10 所示。

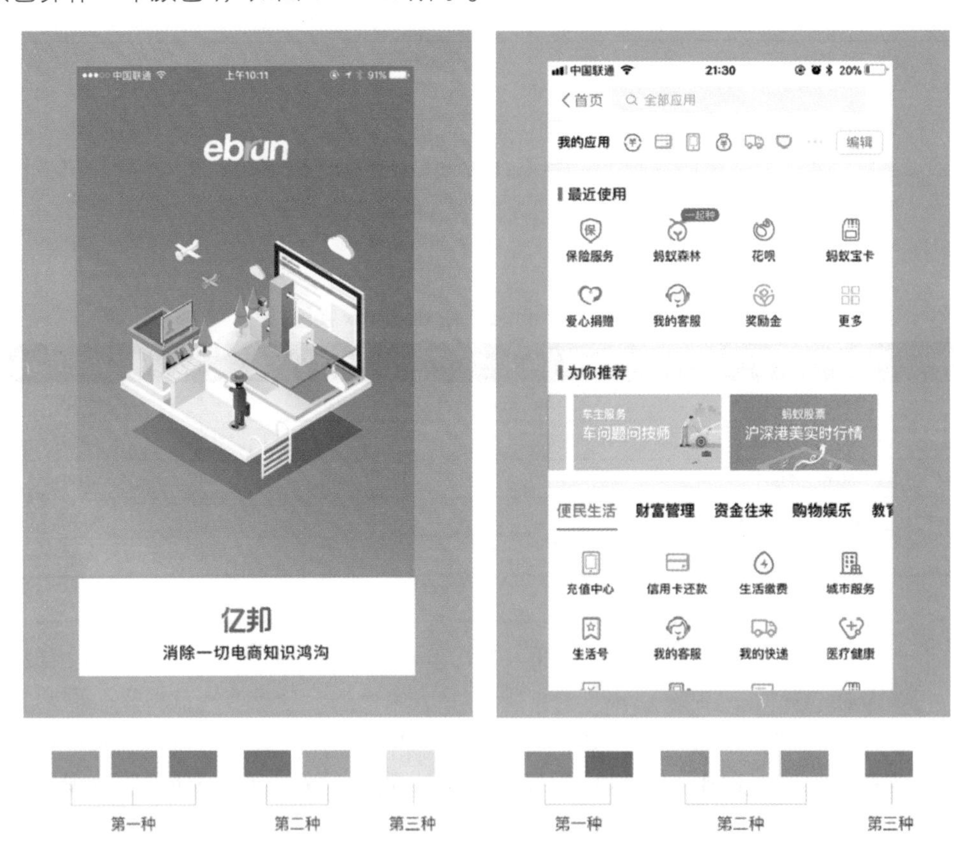

图 3-3-10　三色对比图
（图片分别采编于“亿邦”和“支付宝”App）

下面简单介绍三色的构成及作用，如表 3-3-8 所示。

表 3-3-8　移动端界面配色技巧

	占比	作　用	选 色 原 则
主色	70%	整幅画面的基调，决定了画面的主题	饱和度高
辅助色	25%	辅助主色并与之进行搭配的颜色，其主要目的是辅助和衬托主色	选择同类色或邻近色，比主色略浅
点睛色	5%	引导阅读，使页面变得独特	饱和度高或明度高

常见的移动端 UI 颜色搭配设计方案有以下 3 种。

1）对比色配色法则

对比色（色相环上邻近的颜色）配色需要精准地控制色彩搭配和使用面积，一般主色会使用相对沉稳的颜色，点睛色采用高亮的颜色，以带动页面气氛，使受众产生激烈的心理感受，如图 3-3-11 所示。

图 3-3-11　对比配色示例
（图片分别采编于“如故”和“YHOUSE”App）

2）邻近色配色法则

邻近色（色相环上邻近的颜色）配色方法比较常见，其选取了色相环上相近的颜色，色相柔和过渡，看起来很和谐，如图 3-3-12 所示。

图 3-3-12　邻近配色示例
（图片采编于“一定”App）

3）同色配色法则

同色（色相环上邻近的颜色）配色是主色和辅助色都在统一色相上，这种配色会给用户一种一致化的感受，如图 3-3-13 所示。

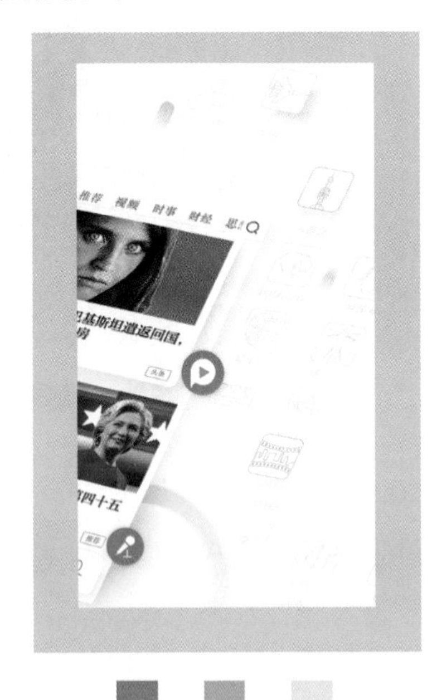

图 3-3-13　同色配色示例
（图片分别采编于“澎湃新闻”和“点融”App）

4. 移动端视觉设计排版布局

当确定了产品的功能目标和产品需求之后，需要进行结构层的 App 交互设计。而交互设计的第一步是决定导航的框架设计，框架确定后才能逐渐丰富其他内容。App 的导航设计对整个 App 的核心体验起到了关键作用,一个好的导航设计能让用户快速了解该产品的功能和信息组织架构。同时，一个良好的导航设计，也决定着产品之后的延伸和扩展。目前，市面上比较流行的排版布局模式如图 3-3-14 所示，具体示例如图 3-3-15 所示。

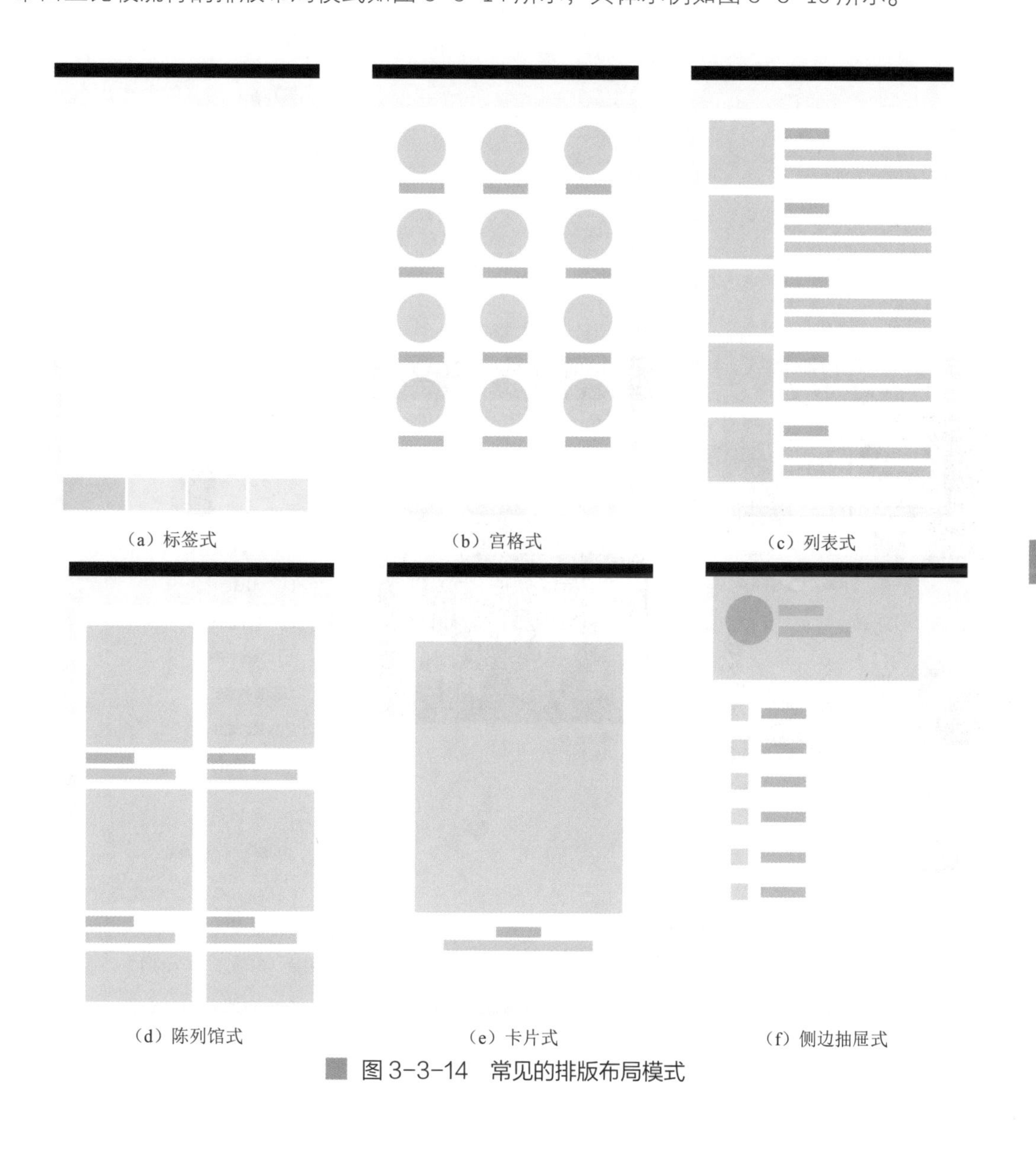

（a）标签式　（b）宫格式　（c）列表式

（d）陈列馆式　（e）卡片式　（f）侧边抽屉式

图 3-3-14　常见的排版布局模式

（a）标签式

（b）宫格式

（c）列表式

（d）陈列馆式

（e）卡片式

（f）侧边抽屉式

图 3-3-15　常见的排版布局示例

（图片分别采编于“如故”“支付宝”“iOS 设置”“美趣”“探探”“QQ” App）

这 6 种排版布局模式的对比如表 3-3-9 所示。

表 3-3-9　6 种排版布局模式的对比

	优　点	缺　点	使用场景
标签式	• 可见性非常好，底部易于发现，操作简洁，便于用户在不同功能页面之间跳转 •清晰地展示 App 和核心功能入口	• 占用一定高度的空间，如果用户使用的是小屏幕手机，则视觉体验不太好；如果用户使用的是大屏幕手机，则单手操作入口时用户体验较弱 • 入口数量有限，过多则不太实用	• 常用于主导航模式 • 入口分类数目不多，可控制在 5 个以内，且用户在各个导航选项之间需要非常频繁地切换操作
宫格式	• 清晰地展示 App 的功能入口 • 扩展性好，能添加多个入口	• 无法在功能间进行切换（必须先返回上一级，再进入其他功能） • 无法直接展示功能内容，入口过多时，用户的选择压力会比较大 • 重点功能不够突出	• 在二级页面中作为内容列表的图形化形式呈现 • 一系列工具入口的集合
列表式	• 扩展性较好，导航的个数没有上限，方便后期的功能延展 • 结构清晰，视觉流从上向下，浏览体验快捷	• 不同功能模块跳转时，增加了点击次数，路径较深，增加了用户的成本 • 排版灵活度不是很高，容易产生视觉疲劳	• 适用于入口比较多、导航之间切换不是很频繁的情况，即业务之间相对独立，没有太多的关联 • 适用于显示平级菜单、较长或拥有次级文字内容的标题
陈列馆式	• 直观展现各项内容 • 方便浏览经常更新的内容	• 不适合展现顶层入口框架 • 容易导致界面内容过多，显得杂乱 • 设计效果容易呆板	• 适合以图片为主的单一内容浏览型的展示 • 适合呈现经常更新的、视觉效果直观的、彼此独立的内容
卡片式	• 单页面内容整体性强，聚焦度高 • 高大上的视觉体验，保证页面的简洁和内容的完整性	• 受屏幕宽度限制，其可显示的数量较少，需要用户进行主动探索 • 不能跳跃性地查看间隔的页面，只能按顺序查看相邻的页面	适合数量少、聚焦度高、视觉冲击力强的图片展示
侧边抽屉式	• 节省页面空间，将部分信息隐藏起来，突出核心功能 • 扩展性强，配置灵活，一些常用的快捷操作功能或低层级界面入口可以直接放到抽屉导航中	• 应用于大屏手机时，单手操作容易处于操作盲区，难以点击 • 入口较深，用户不容易发现隐藏在侧导航中的其他入口，用户需要一定的记忆成本 • 对入口交互的功能可见性要求高	•应用的主要功能和内容都在一个页面中，可以将辅助功能放在抽屉里 •产品结构较复杂，减少了页面结构，让用户的注意力集中在主信息上，不用频繁切换“子产品模块”

通过知识导入，我们已经了解了移动端的基本规范和几种常用的页面排版布局，下面综合使用以上知识进行移动端应用界面的设计。以下所有手机端实操案例均来自团中央青年之声 App，个别页面版式有调整，在此对共青团的友情支持表示感谢。青年之声 App 的部分界面如图 3-3-16 所示。

图 3-3-16　青年之声 App 部分界面展示

任务 1　闪屏设计

闪屏页也称启动页，是用户点击 App 启动图标之后进入的第一个页面，其主要作用在于过渡，相当于一个缓冲或加载动画，有着承上启下的作用。

案例展示：

此任务要绘制的闪屏页如图 3-3-17 所示。

图 3-3-17　青年之声 App 的闪屏页

1. 设计要点

(1)设计思路：此任务制作的是青年之声 App 的闪屏页。青年之声是一款面向全国广大青年的互动社交平台，通过此闪屏页的设计要达到品牌宣传的效果。

为了增强应用程序启动时的用户体验，应该提供一个启动图像，增强用户对应用程序能够快速启动并立即投入使用的感知度。同时，启动页的启动时间最好控制在 3s 以下，超过 3s 用户就会有焦急感，如果启动页上没有加载过程等状态反馈，用户很容易直接退出应用。下面简单介绍闪屏页的设计思路。

① 产品 Logo+Slogan：闪屏页最常见的表现形式，清晰明了，最大限度地将产品诉求传达给用户，起到了很好的宣传作用，如图 3-3-18 所示。

图 3-3-18　产品 Logo+Slogan 闪屏页
(图片分别采编于“淘宝”“ofo”“网易云课堂”App)

② 产品 Logo+广告：商业需求型闪屏页，利用此区域为商家做广告，从而获得收益。这种方法表现空间较大，表现形式丰富，更新频率也较高，如图 3-3-19 所示。

图 3-3-19　产品 Logo+广告闪屏页
(图片分别采编于“今日头条”和“堆糖”App)

③ 情感化设计+产品 Logo：精致的插画，走心的文案，适合在节假日、节气时令等特殊的日子应景展示，其设计难度也是最大的，如图 3-3-20 所示。

图 3-3-20　情感化设计+产品 Logo
（图片分别采编于“美团”、“58 同城”和“唯物”App）

专家讲

在制作 Logo 广告形式的闪屏页时，一定要控制时间的长度为 3 ~ 5s，若为了展示广告而停留时间过长就会流失用户。在设计时，可在屏幕右上角添加“立即跳过”按钮，为不同用户提供不同的体验效果。

此任务主要采用产品 Logo+Slogan 的形式来制作，以起到优秀的宣传效果。

（2）表现技巧：通过对此 App 涉及行业及内容的了解，选择合适的形式、表达手法以突出品牌效果。

（3）技能提炼：

① 文本工具的使用；

② 图层样式的使用。

2. 操作步骤

步骤 01：打开 Photoshop，选择【文件】→【新建】选项，新建一个 750 像素×1334 像素、分辨率为 72 像素/英寸的画布，背景色填充为白色（#ffffff），具体设置如图 3-3-21 所示。

步骤 02：打开 App 启动图标，拖入画布，将其调整至合适大小，放置在画布水平居中靠上处。由于启动图标底板为白色，会与画布相融，因此要为启动图标添加投影效果，这样也能烘托出页面的空间感。投影参数设置如图 3-3-22 所示。

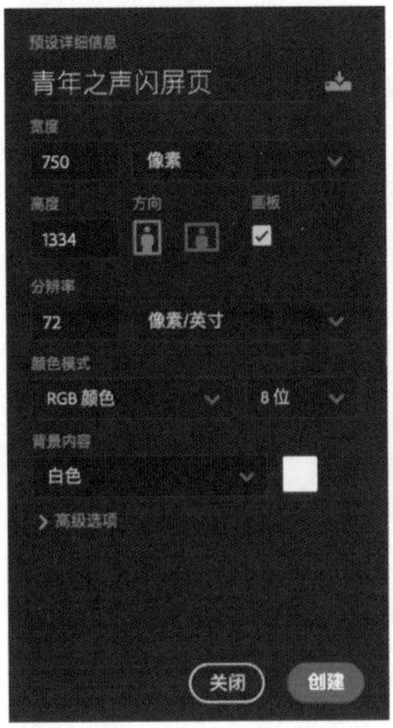

图 3-3-21　新建文件

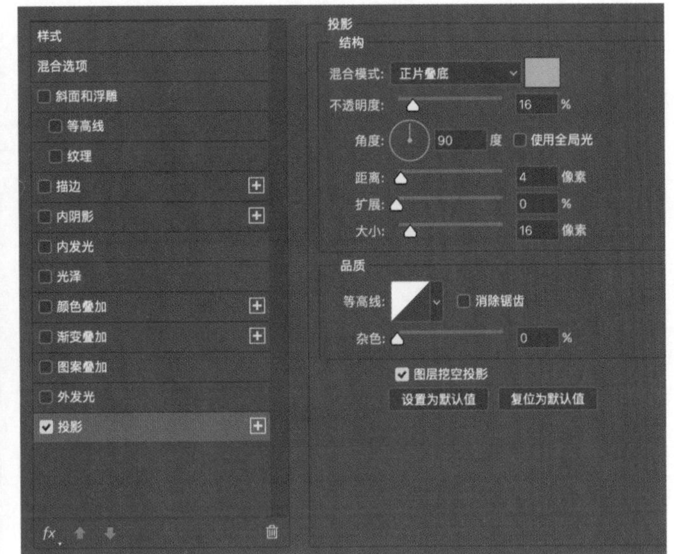

图 3-3-22　投影参数设置

具体的投影效果如图 3-3-23 所示。

步骤 03：选择【文本工具】，输入 App 的中英文名称，设置文本字体为苹方粗体，样式为平滑，大小为 30 像素，颜色值为#666666。调整其与画布垂直居中对齐，并调整文本与图标之间的垂直间距，具体参数设置如图 3-3-24 所示。

再次选择【文本工具】，在页面底部输入 App 宣传语，设置文本字体为苹方中等，样式为平滑，大小为 28 像素，颜色值为#666666。再次使其与画布垂直居中对齐，并距底部 30 像素。青年之声 App 闪屏页最终效果如图 3-3-25 所示。

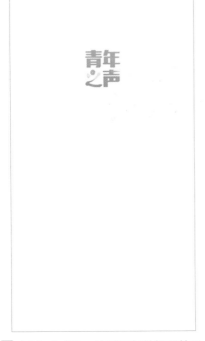

图 3-3-23　启动图标的投影效果

图 3-3-24　启动图标与文字的间距

图 3-3-25　青年之声闪屏页最终效果

3. 拓展任务

（1）浏览设计网站，收集不同形式的闪屏页面，分析其不同的表现手法及特点。

（2）临摹图 3-3-26 所示的闪屏页。

图 3-3-26　闪屏页

（图片分别采编于“美团”和“ofo”App）

任务 2 引导页设计

案例展示：

此任务要绘制的青年之声 App 的引导页如图 3-3-37 所示。

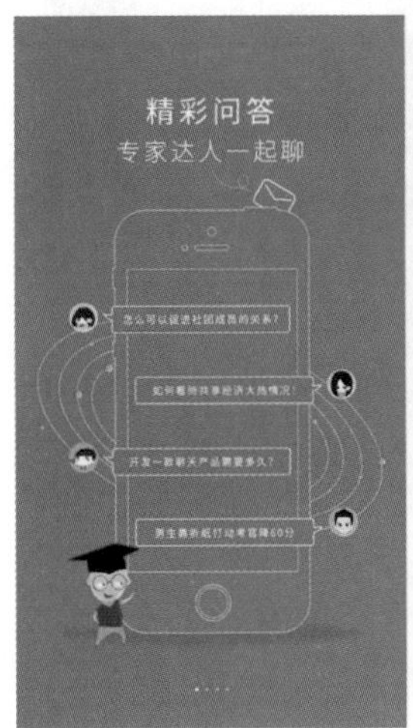

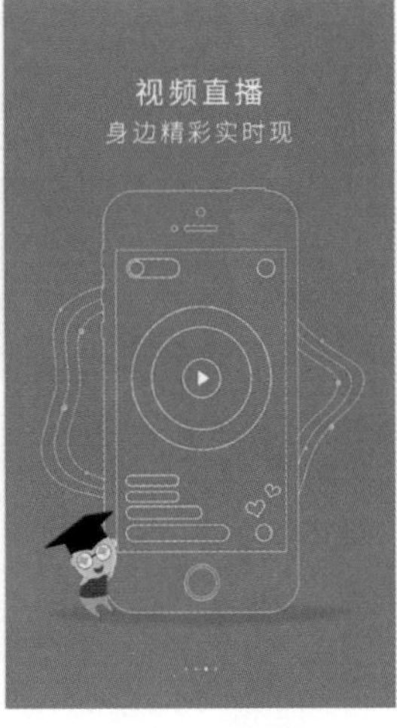

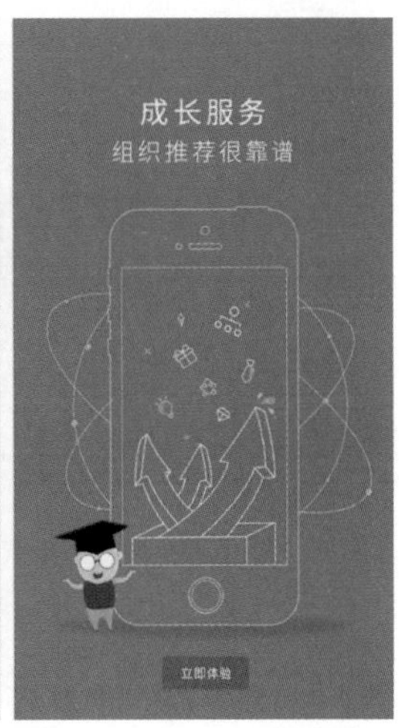

图 3-3-27　青年之声 App 的引导页

当 App 安装完成时，第一次启动通常会看到 3 或 4 张连续的页面，用户可以点击或滑动页面来切换并最终进入首页。这些页面能提前传递给用户 App 的主要功能与特点、引导用户体验、近期的重大活动等，起到了类似迎宾引导的作用，这些页面被称为引导页。引导页的设计对 App 来说非常重要，能让用户短时间内对产品有一个大致的了解，缓解用户的焦虑感，更快地进入使用环境。

1. 设计要点

（1）设计思路：此任务制作的是青年之声 App 的引导页，通过引导页界面设计来介绍该 App 的核心功能。整体界面以该 App 的主色调——蓝色为主，采用文字配合界面的方式来表现各个功能。

下面简单介绍引导页的设计思路。

根据引导页的目的、出发点不同，可以将其分为功能介绍类、操作引导类、情感故事类、问题解决类等类型。

① 功能介绍类：最常见的引导页类型，主要是对产品的核心功能进行展示，让用户对产品主功能有一个大致的了解，相当于新手引导，对用户有直接吸引力。这种类型的引导页大多采用文字配合界面、插图的方式来展现，同时，标题文案应尽量简明扼要，如图 3-3-28 所示。

图 3-3-28　功能介绍类引导页

（图片采编于“盯盯”App）

② 操作引导类：主要是对用户在使用产品过程中遇到的困难、不清楚的操作进行提前告知。这种类型的引导页大多以遮罩提示为主，也可以让用户选择性地跳过提示，如图 3-3-29 所示。

图 3-3-29　操作引导类引导页

（图片采编于“马蜂窝”App）

③ 情感故事类：除了有些产品的功能介绍，更多的是要传达产品的态度，表达出产品的情怀，从而与用户建立情感联系。其在设计上应尽可能地与产品的风格、公司形象相一

致，如图 3-3-30 所示。

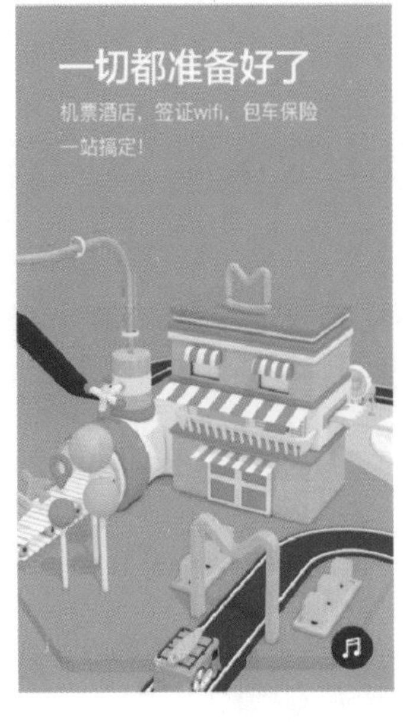

图 3-3-30　情感故事类引导页
（图片采编于“京东阅读”App）

④ 问题解决类：主要描述在实际生活中遇到的问题，通过最后的解决方案来使用户产生情感上的联系，使用户产生好感，提高用户黏度，如图 3-3-31 所示。

图 3-3-31　问题解决类引导页
（图片采编于“邻趣”App）

此任务采用的是功能介绍类的形式，采用文字搭配界面的方式，对产品的主要功能进行展示，让用户对产品主功能有一个大致的了解。

（2）表现技巧：选取核心功能对应的界面，进行线条抽象绘制，放在界面的中间，顶部以文字搭配来讲解界面内容。

（3）技能提炼：

① 形状工具和钢笔工具的使用；

② 滤镜的使用。

2. 操作步骤

步骤 01：打开 Photoshop，选择【文件】→【新建】选项，新建一个 750 像素×1334 像素、分辨率为 72 像素/英寸的画布，背景色填充为蓝色（#118def），具体设置如图 3-3-32 所示。

步骤 02：打开手机模型，拖入画布，将其调整至合适大小，放置于画布水平居中偏下处，如图 3-3-33 所示。

选择【椭圆工具】，在画布中创建椭圆 1，填充为深蓝色，同时栅格化椭圆 1，为其添加高斯模糊效果，如图 3-3-34 所示。

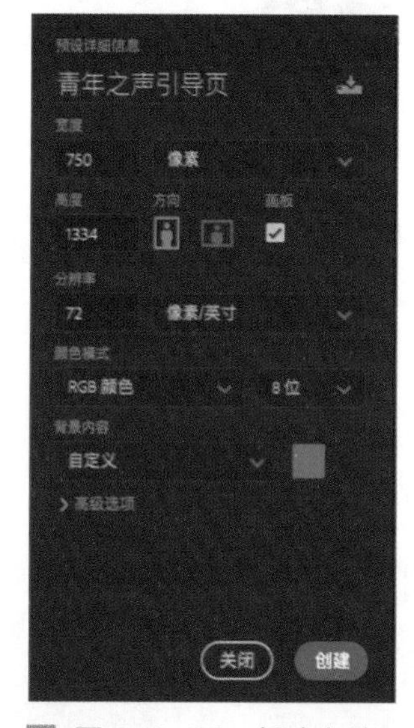

图 3-3-32　新建文件

图 3-3-33　导入手机模型效果

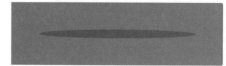

图 3-3-34　高斯模糊效果

将椭圆 1 置于手机底部，作为手机模型的投影效果，为页面增加空间感，如图 3-3-35 所示。

步骤 03：选择【椭圆工具】，进行背景底纹的绘制，同时，在底纹上添加圆点及头像（头像的位置不固定，根据页面聊天框进行调整即可），营造出一个庞大的社交平台，如图 3-3-36 所示。

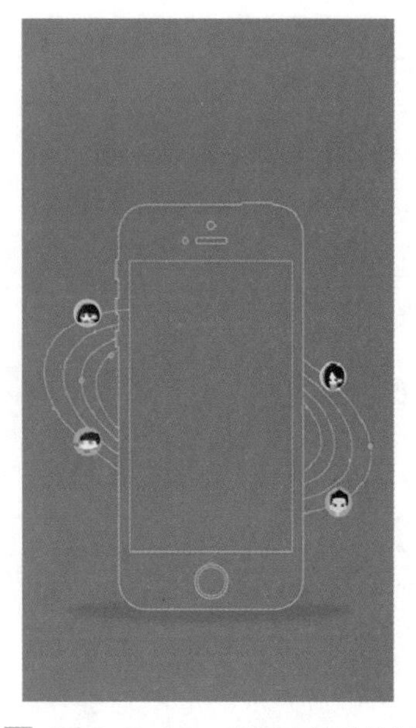

图 3-3-35　投影的最终效果　　图 3-3-36　背景底纹的绘制

步骤 04：选择【圆角矩形工具】，在画布中创建一个 342 像素×53 像素、圆角为 6 像素的圆角矩形 1，设置填充颜色值为#118def，描边为 2，描边颜色值为#ffffff，如图 3-3-37 所示。

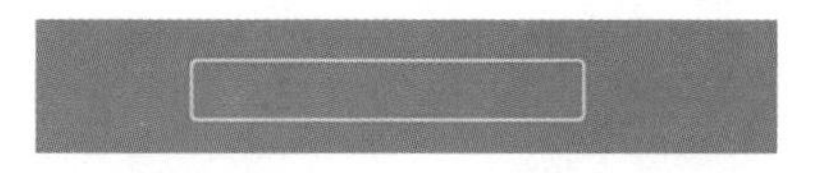

图 3-3-37　对话框绘制

选中圆角矩形 1，选择【钢笔工具】，在工具栏中选择路径操作为【与形状区域相交】，为其添加尖角，如图 3-3-38 所示。

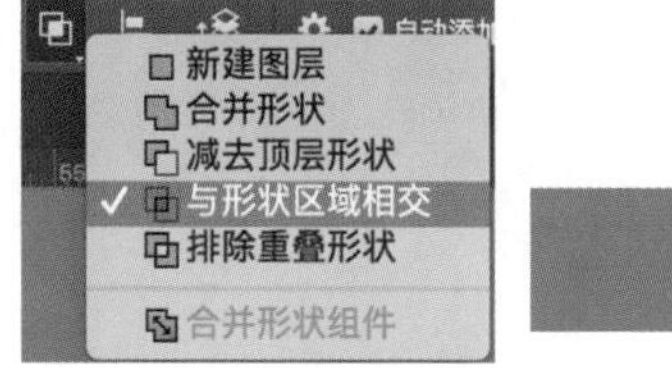

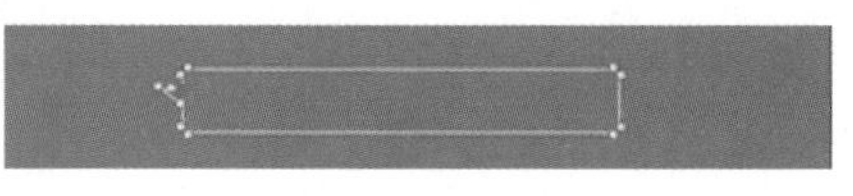

图 3-3-38　对话框尖角的绘制

步骤 05：选择【文本工具】，输入话题标题，设置文字字体为思源黑体粗体，样式为平滑，大小为 20 像素，颜色值为#333333，并放置于对话框内。选中对话框及文字，复制并进行展示，如图 3-3-39 所示。

步骤 06：打开人物 1，拖入画布，与手机模型底部对齐，如图 3-3-40 所示。

步骤 07：选择【文本工具】，输入界面标题及内容，具体大小和间距如图 3-3-41 所示。

引导页的最终效果如图 3-3-42 所示。

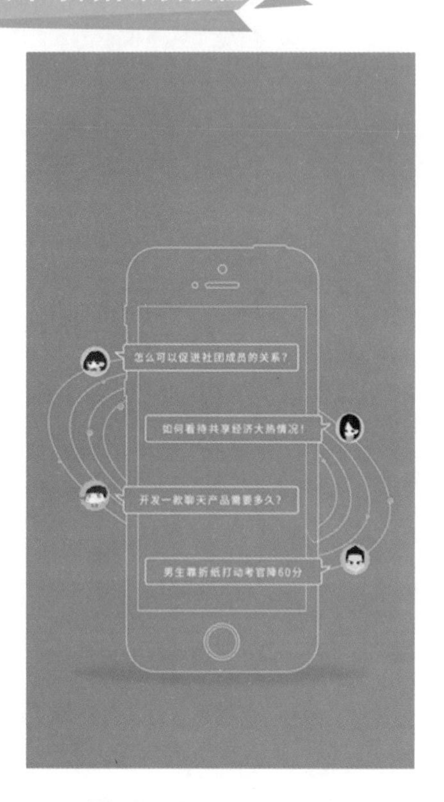

图 3-3-39　话题标题

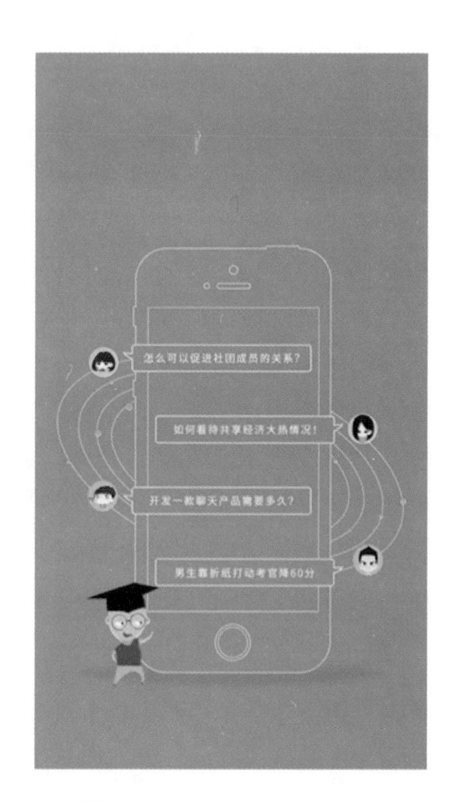

图 3-3-40　人物的置入

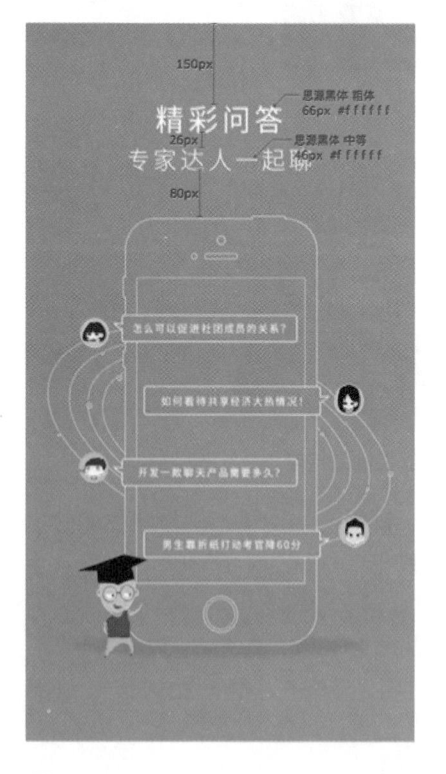

图 3-3-41　界面标题文字的间距

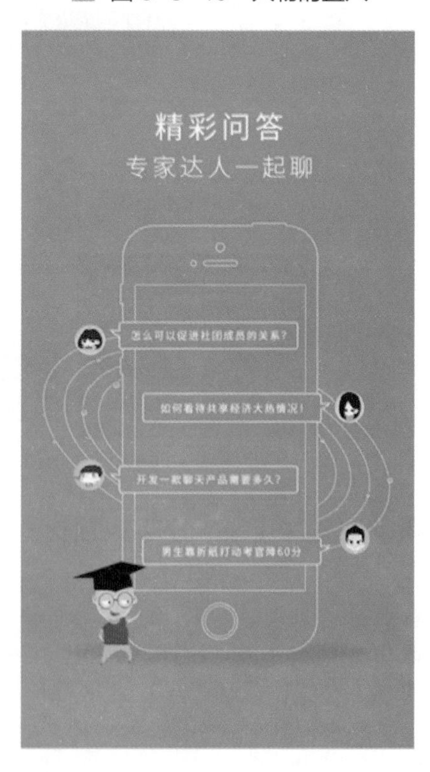

图 3-3-42　青年之声 App 引导页的最终效果

3. 拓展任务

（1）浏览设计网站，收集不同形式的引导页面，分析其不同的表现手法及特点。

（2）临摹图 3-3-43 所示的引导页。

图 3-3-43　引导页
（图片采编于“简书”App）

任务 3　登录页设计

案例展示：

此任务要绘制的青年之声 App 的登录页如图 3-3-44 所示。

图 3-3-44　青年之声 App 的登录页

1. 设计要点

（1）设计思路：此任务制作的登录页面主要采用了蓝色和灰色进行搭配，登录信息利用矩形进行分割，清晰明了，“登录”按钮位于页面偏下方，使用了蓝色，以从背景中突出，方便用户点击。

（2）表现技巧：通过熟练使用投影效果来增加页面的空间感。

（3）技能提炼：

① 形状工具和文本工具的使用；

② 图层样式的使用。

2. 操作步骤

步骤 01：打开 Photoshop，选择【文件】→【新建】选项，新建一个 750 像素×1334 像素、分辨率为 72 像素/英寸的画布，背景色填充为浅灰色（#f7f7f7），具体设置如图 3-3-45 所示。

图 3-3-45 新建文件

步骤 02：选择【矩形工具】，在画布中创建 750 像素×500 像素的矩形 1，填充从#43d4ff 到#42a4ff 的渐变色，与画布顶端对齐，效果如图 3-3-46 所示。

再次选择【矩形工具】，创建 750 像素×40 像素的矩形 2，填充为任意颜色（固定状态栏的位置），再次与画布顶端对齐，具体效果如图 3-3-47 所示。

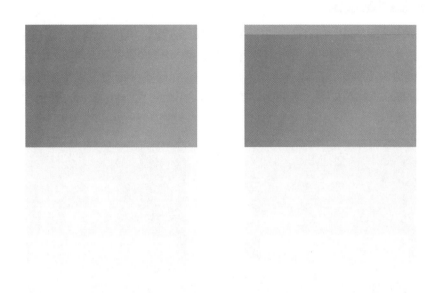

图 3-3-46　背景渐变的绘制　　　图 3-3-47　状态栏底板的绘制

打开状态栏文件，拖入画布，置于矩形 2 上，同时选中状态栏与矩形 2 进行水平和垂直居中对齐，之后隐藏矩形 2 即可，具体效果如图 3-3-48 所示。

步骤 03：打开启动图标，拖入画布，放在矩形 1 居中处，并为其添加投影效果，具体参数可参照本项目任务 1，具体效果如图 3-3-49 所示。

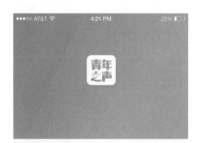

图 3-3-48　导入状态栏　　　图 3-3-49　启动图标的投影效果

步骤 04：选择【圆角矩形工具】，在画布中创建 640 像素×60 像素的圆角矩形 1，圆角大小为 4 像素，填充颜色值为#ffffff，并为其添加投影效果，参数同上，如图 3-3-50 所示。

选择【圆角矩形工具】，在画布中创建 560 像素×80 像素的圆角矩形 2，设置圆角大小为 2 像素，描边为 1 像素，描边颜色值为#999999。利用多种绘图工具绘制图标，设置图标颜色值为#999999，输入文字，字体为苹方中等，字体大小为 26 像素，颜色同图标一样，如图 3-3-51 所示。

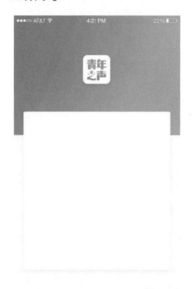

图 3-3-50 输入列表底板的绘制

图 3-3-51 输入框及信息的添加

选择并复制上述图层，进行图标文字的替换，具体间距如图 3-3-52 所示。

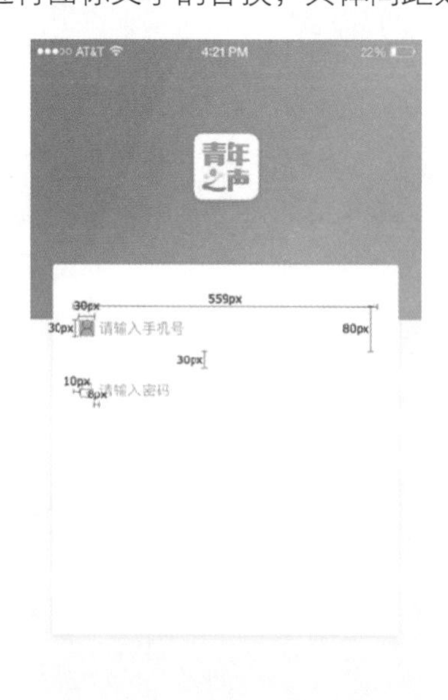

图 3-3-52 输入框间距参数

步骤 05：再次复制圆角矩形 2，设置其填充为矩形 1 的渐变色，描边为 0。选择【文本工具】，输入按钮文字，设置字体为苹方中等，字体大小为 26 像素，字体颜色值为#666666，与圆角矩形水平和垂直居中对齐，如图 3-3-53 所示。

选择【文本工具】，输入“立即注册”和“忘记密码”，设置文本字体为苹方中等，字体大小为 26 像素，字体颜色值为#666666，具体间距如图 3-3-54 所示。

图 3-3-53　登录按钮的绘制

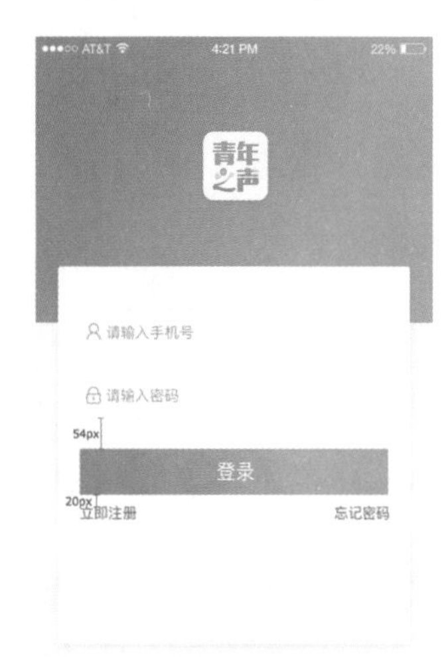

图 3-3-54　辅助功能的间距

步骤 06：利用多种绘图工具，进行图标的绘制，设置图标颜色值为# bfbfbf，如图 3-3-55 所示。

步骤 07：选择【文本工具】，输入“随便看看”，设置文本字体为苹方中等，字体大小为 26 像素，字体颜色值为#666666，距离画布底端 50 像素，水平居中。最终效果如图 3-3-56 所示。

图 3-3-55　第三方登录图标绘制

图 3-3-56　青年之声 App 的登录页最终效果

3. 拓展任务

（1）浏览设计网站，收集不同形式的登录页面，分析其不同的表现手法及特点。

（2）临摹图 3-3-57 所示的登录页。

图 3-3-57 登录页

（图片分别采编于“简书”和“堆糖”App）

任务 4 首页设计

案例展示：

此任务要绘制的青年之声 App 的首页如图 3-3-58 所示。

图 3-3-58 青年之声 App 的首页

1. 设计要点

（1）设计思路：App 首页是最重要的页面，对用户的引流有重要作用。通过对该产品的需求及功能规划，首页面包含活动 Banner、主要频道入口、搜索、热门推荐等内容，并进行布局规划，大致布局确定后开始进行视觉设计。

（2）表现技巧：通过品牌 Logo 确定主色调为蓝色，搭配其对比色橙色为辅助色。开始设计页面的基本布局，通过绘制基本图形和添加文字信息，体现出页面的主次位置。

（3）技能提炼：Photoshop 的综合技巧使用。

2. 操作步骤

步骤 01：打开 Photoshop，选择【文件】→【新建】选项，新建一个 750 像素×1334 像素、分辨率为 72 像素/英寸的画布，背景色填充为浅灰色（#f7f7f7），具体设置如图 3-3-59 所示。

步骤 02：选择【矩形工具】，绘制 3 个矩形，分别作为顶部的状态栏、导航栏和标题栏，如图 3-3-60 所示。

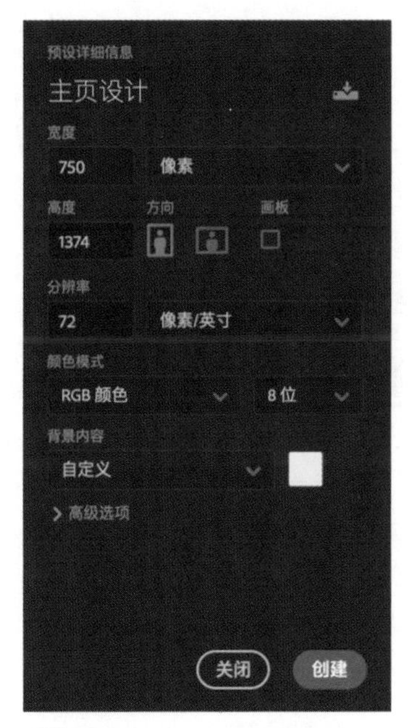

图 3-3-59　新建文件

图 3-3-60　整体结构划分

再次选择【矩形工具】，在画布中创建 750 像素×360 像素的矩形 4，作为 Banner 区域，也可以增加矩形 4 的高度，与画布顶部对齐，创建通屏 Banner。打开图像 1，拖入画布，与矩形 4 创建剪贴蒙版，如图 3-3-61 所示。

步骤 03：参考之前的制作方法，进行状态栏与导航栏内容的绘制，如图 3-3-62 所示。

选择【椭圆工具】，在画布中创建 14 像素×14 像素的圆形 1，填充为白色（#ffffff），连续复制两次圆形 1，调整其为合适的间距，设置不透明度为 50%，作为未选中状态的轮播点，如图 3-3-63 所示。

步骤 04：选择【矩形工具】，在画布中创建 750 像素×100 像素的矩形 5，填充的颜色值为#ffffff，作为热门推送区域的底板（高度不固定，根据内容大小进行调整即可），如

图 3-3-64 所示。

■ 图 3-3-61 创建剪贴蒙版

■ 图 3-3-62 状态栏与导航栏绘制

■ 图 3-3-63 Banner 轮播点绘制

■ 图 3-3-64 推送区域底板绘制

选择【圆角矩形工具】，绘制 58 像素×28 像素、圆角为 4 像素的圆角矩形 1，设置其填充关闭，描边大小为 1 像素，描边颜色值为#01abff。选择【文本工具】，进行标签文字的绘制，设置字体为苹方常规，字体大小为 20 像素，字体颜色值为#01abff，并与矩形水平和垂直居中对齐。再次选择【文本工具】，进行内容标题的绘制，设置字体为苹方常规，字体大小为 28 像素，字体颜色值为#666666，如图 3-3-65 所示。

图 3-3-65　推送内容制作

复制上述图层，进行替换内容操作，调整整体间距，如图 3-3-66 所示。

图 3-3-66　推送内容间距参数

步骤 05：选择【矩形工具】，绘制频道入口区域的底板，并与上一模块间隔 20 像素，如图 3-3-67 所示。

图 3-3-67　模块间距及频道入口底板

利用【矩形工具】和【参考线】进行横向区域的划分。利用多种绘图工具绘制图标，选择【文本工具】并输入文字，设置字体为苹方常规，字体大小为 28 像素，字体颜色值为 #666666，如图 3-3-68 所示。

图 3-3-68　频道入口横向划分

再次调整此区域整体间距和底板的大小，具体参数如图 3-3-69 所示。

步骤 06：利用上述方法绘制热门活动区域底板，并使用【文本工具】及【形状工具】绘制模块标题，设置字体为苹方中等，字体大小为 34 像素，字体颜色值为 #333333，具体间距如图 3-3-70 所示。

■ 图 3-3-69　频道入口间距参数

■ 图 3-3-70　热门活动标题绘制

选择【圆角矩形工具】，在画布中创建 342 像素 ×186 像素、圆角为 6 像素的圆角矩形 2，填充为深灰色，作为活动的图片区域。使用【文本工具】输入活动的主标题，字体为苹方常规，字体大小为 32 像素，字体颜色值为#333333，再次输入副标题，字体为苹方常规，字体大小为 26 像素，字体颜色值为#666666，其中，文本中的已报名人数可放大字号，调整为辅助色调。其具体间距如图 3-3-71 所示。

复制上述所有图层，并进行图片及内容的替换，完成该活动区域的绘制，如图 3-3-72 所示。

■ 图 3-3-71　活动内部结构绘制

■ 图 3-3-72　活动模块最终效果

步骤 07：利用频道入口处的方法，对标签栏进行横向分割，使用多种绘图工具绘制图标，并使用【文本工具】输入文字，设置文本大小为 20 像素，选择状态下的字体颜色值为#01abff，未选择状态下的字体颜色值为#999999，图标颜色与文字相同。青年之声 App 首页的最终效果如图 3-3-73 所示。

图 3-3-73　青年之声 App 首页的最终效果

3. 拓展任务

（1）浏览设计网站，收集不同形式的首页，分析其不同的表现手法及特点。

（2）临摹图 3-3-74 所示的首页。

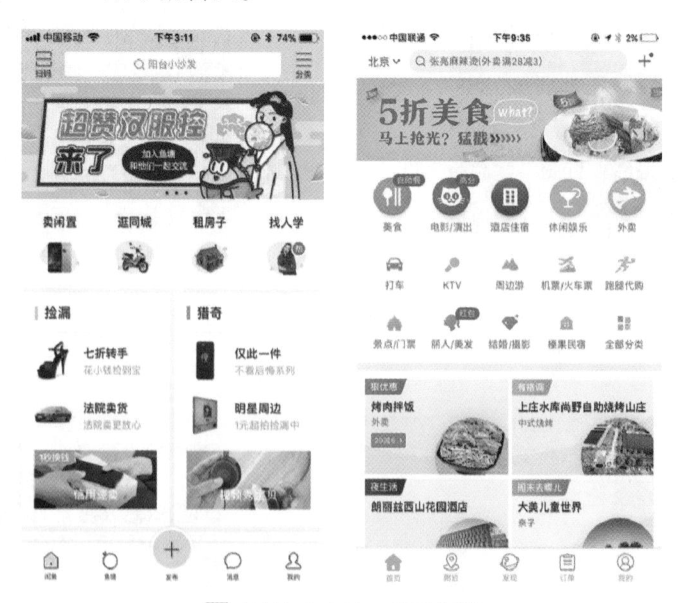

图 3-3-74　首页临摹

（图片分别采编于“闲鱼”和“美团”App）

任务 5 列表页设计

案例展示：

此任务要绘制的青年之声 App 的列表页如图 3-3-75 所示。

图 3-3-75 青年之声 App 的列表页

1. 设计要点

（1）设计思路：此任务要制作的是列表页，先分析整体页面的布局及结构特点，再利用列表将内容信息排列起来，以丰富页面。

（2）表现技巧：对整体页面结构的规划，熟练地掌握移动端页面、字体规范，实现良好的呈现效果。

（3）技能提炼：Photoshop 的综合使用。

2. 操作步骤

步骤 01： 打开 Photoshop，选择【文件】→【新建】选项，新建一个 750 像素×1334 像素、分辨率为 72 像素/英寸的画布，背景色填充为白色（#ffffff），具体设置如图 3-3-76 所示。

步骤 02： 参考之前的做法进行状态栏及导航栏的绘制，如图 3-3-77 所示。

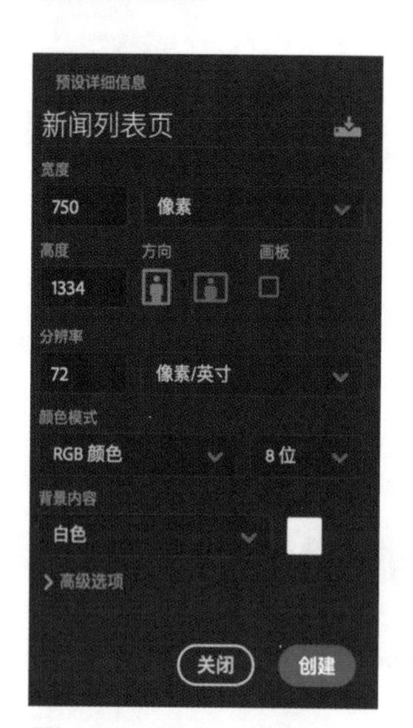

图 3-3-76　新建文件

图 3-3-77　状态栏和导航栏的绘制

步骤 03：选择【圆角矩形工具】，在画布中创建 642 像素 ×294 像素、圆角为 6 像素的圆角矩形 1，填充为深灰色，作为 Banner 的图片底板区域。设置其与状态栏底部间隔 20 像素，并与画布水平居中对齐，如图 3-3-78 所示。

选择圆角矩形 1 并复制 2 次，保持圆角大小不变，并缩小至 610 像素 ×278 像素，之后分别将其置于圆角矩形 1 的左右两边，与圆角矩形 1 水平居中对齐并保持与其左右间距 18 像素，如图 3-3-79 所示。

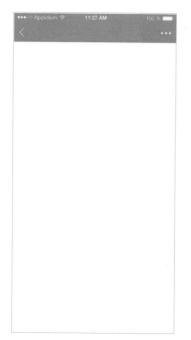

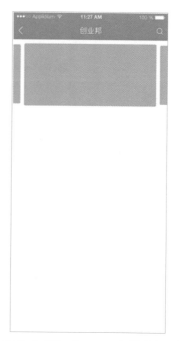

图 3-3-78　Banner 区域底板绘制

图 3-3-79　Banner 区域底板最终效果

打开图像 1、2、3 文件，拖入画布，分别与 3 个圆角矩形创建剪贴蒙版，将部分图像隐藏起来，如图 3-3-80 所示。

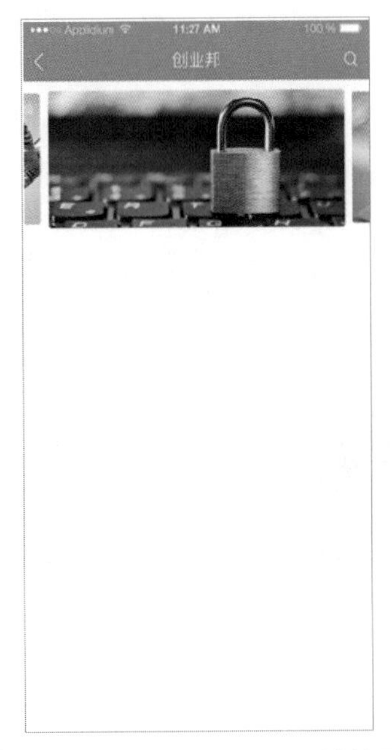

图 3-3-80　Banner 图片的导入

选择【文本工具】，输入 Banner 标题，设置文本字体为苹方中等，样式为平滑，大小为 32 像素，颜色值为#ffffff，并置于距圆角矩形 1 底部 20 像素处，如图 3-3-81 所示。

步骤 04：选择【文本工具】，输入模块标题，设置文本字体为苹方粗体，样式为平滑，大小为 32 像素，颜色值为#333333。再次选择【矩形工具】，在画布中创建 6 像素×30 像素、填充的颜色值为#fb6543 的矩形 1，作为标题的装饰，具体位置和间距如图 3-3-82 所示。

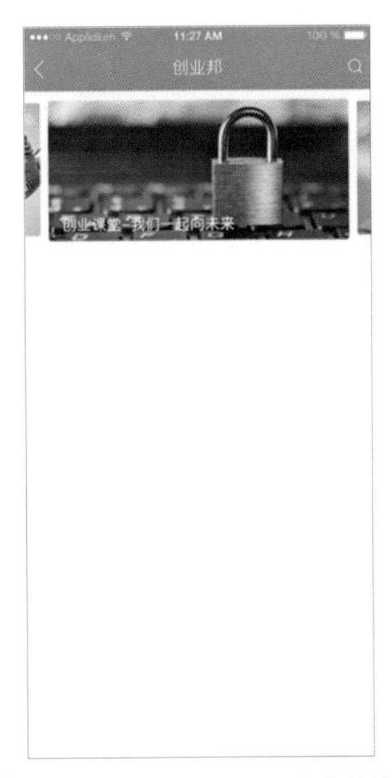

图 3-3-81　Banner 文字的输入

图 3-3-82　模块标题制作及间距

步骤 05：选择【文本工具】，绘制文本框，输入新闻标题，设置文本字体为苹方中等，样式为平滑，大小为 32 像素，颜色值为#333333。打开【字符】面板，调整文字行间距为文本大小的 1.2~1.5 倍，如图 3-3-83 所示。

选择【圆角矩形工具】，创建 240 像素×180 像素、圆角为 6 像素的圆角矩形 2，填充为深灰色（此颜色可随机调整），作为新闻的图片区域。打开图像 4 文件，将其拖入画布，并与圆角矩形 2 创建剪贴蒙版，将部分图像隐藏起来。拖动标题文本框，调整文本框的大小，整体调节图片与文字的内外边距，具体参数设置如图 3-3-84 所示。

图 3-3-83　绘制文本框并输入新闻标题

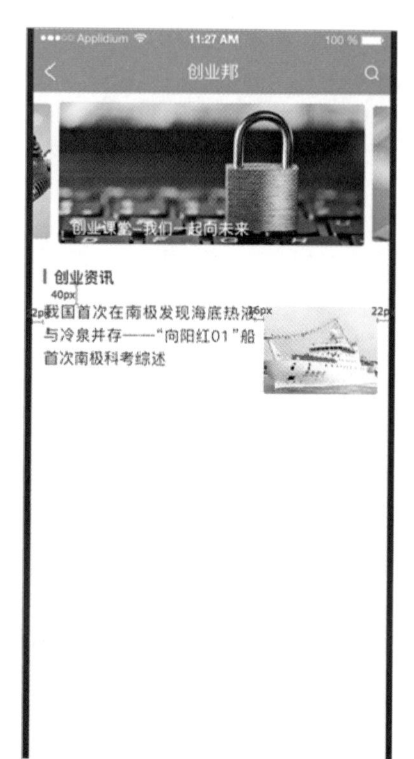

图 3-3-84　图片与文字的内外边距

选择【文本工具】，输入副标题，设置文本字体为苹方常规，样式为平滑，大小为 22 像素，颜色值为#999999，并与新闻标题左对齐，与图片底对齐，如图 3-3-85 所示。

选择【矩形工具】，创建 750 像素×1 像素的矩形 4，设置矩形 4 的填充颜色值为#e8e8e8，水平居中，并调整和图片的间距为 14 像素，作为内部模块的分割线，如图 3-3-86 所示。

在实际工作中，设置的间距、颜色、文本大小等参数都不是固定的，在熟练之后，可以按照自己的想法设定数值，以设计出丰富多样的界面。

图 3-3-85 副标题文字的输入及放置的位置

图 3-3-86 模块底部分割线的绘制

步骤 06：复制上述所有图层，并进行图片及内容的替换，完成该列表页的制作。青年之声 App 的列表页的最终效果如图 3-3-87 所示。

图 3-3-87 青年之声 App 的列表页的最终效果

3. 拓展任务

（1）浏览设计网站，收集不同形式的列表页，分析其不同的表现手法及特点。

（2）临摹图 3-3-88 所示的列表页。

图 3-3-88　列表页

（图片分别采编于 iOS 设置和“QQ”App）

任务 6　详情页设计

案例展示：

此任务要绘制的青年之声 App 的详情页如图 3-3-89 所示。

图 3-3-89　青年之声 App 的详情页

1. 设计要点

（1）设计思路：此任务制作的是新闻详情页，这种类型的页面整体内容以文本为主，设计时要注意文字的大小，考虑文本的易读性。

（2）表现技巧：通过横排文本框快速进行文字的录入；注意文字的大小及行间距的设置。

（3）技能提炼：Photoshop 的综合使用。

2. 操作步骤

步骤 01：打开 Photoshop，选择【文件】→【新建】选项，新建一个 750 像素×1334 像素、分辨率为 72 像素/英寸的画布，背景色填充为白色（#ffffff），具体设置如图 3-3-90 所示。

步骤 02：参考之前的做法，进行状态栏及导航栏的绘制，如图 3-3-91 所示。

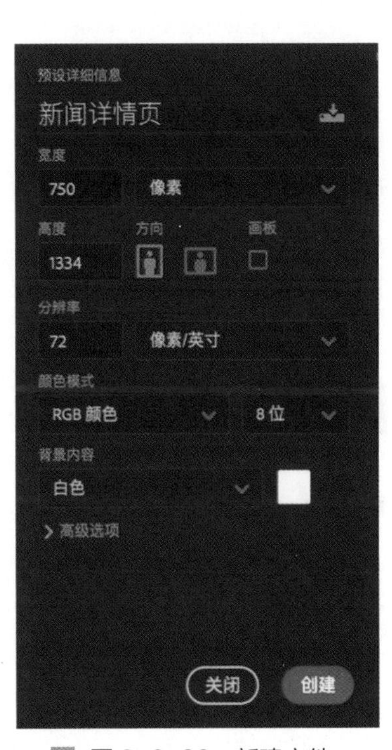

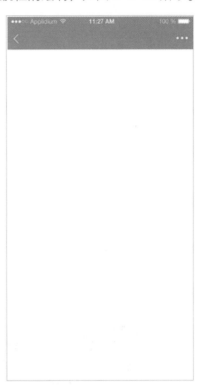

图 3-3-90　新建文件

图 3-3-91　状态栏及导航栏的绘制

步骤 03：选择【文本工具】，绘制文本框，并输入文章标题。设置文本字体为苹方粗体，字体大小为 42 像素，字体颜色值为#333333。再次输入文章的发布信息，设置文本字体为苹方中等，字体大小为 26 像素，字体颜色值为#666666，如图 3-3-92 所示。

步骤 04：利用上述方法进行文章内容的绘制，设置文本字体为苹方中等 32 像素，字体颜色值为#666666。注意，调整行间距为文本大小的 1.2～1.5 倍。青年之声 App 详情页的最终效果如图 3-3-93 所示。

■ 图 3-3-92 新闻标题绘制

■ 图 3-3-93 青年之声 App 详情页的最终效果

3. 拓展任务

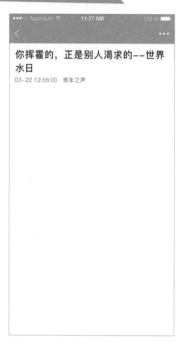

（1）浏览设计网站，收集不同形式的详情页，分析其不同的表现手法及特点。

（2）临摹图 3-3-94 所示的详情页。

■ 图 3-3-94 详情页
（图片分别采编于“美团”和“淘宝”App）

（3）根据所学内容，选择一款经常使用或喜欢的 App，进行各页面的临摹制作，一周内完成。